通訊簡史

從信鴿至 6G

↓ 看人類如何縮短溝通距離 ↓

張林峰 著

從有線到無限

由古老傳信至未來科技，一本書看懂通訊演進

從 5G 的應用到設想
6G 技術成熟後的生活

The Evolution of Human Communication

大膽預測未來更新奇、更高超的技術發展——

科普式鋪陳通訊的歷史，以科學角度切入設備的發展與創新！

目錄

目錄

第 5 章　5G 改變社會

第 6 章　6G 技術的研究開發已經拉開了序幕

第 7 章　「6G ＋」時代的關鍵技術突破

目錄

結束語

業界推薦

　　社會存在的本質，就是溝通。2021 年，開啟了人類的元宇宙時代，元宇宙中的人類活動較之前會有很大的不同。由於 5G，乃至 6G 通訊技術的演進，建構了無處不在，無時不在的連線條件，使得人與人、人與物之間產生了空前的連線關係，這種關係，將引領人類社會從實物狀態開始走向虛擬形態。

—— 韋在勝

　　本書的主題是「交流」，但本書的作者以非常動態的方式縱向和橫向擴展討論，使其與眾不同。世上關於各種通訊技術的書籍已經有了很多，但從來沒有人討論過為什麼通訊對人類文明如此重要，而且未來將會更加重要。

　　本書講述了人類文明賴以發展的通訊歷史，以及未來新的通訊技術將很快給人類社會帶來巨大發展潛力。它還討論了支撐現在和未來通訊技術的各種其他技術，如數據處理、人工智慧、電子生物和能源問題等。

　　本書作者在中國、日本等世界各國，長期積極投身於通訊業務，不僅從業務上，而且從哲學觀點上，似乎始終看到通訊技術的價值。

—— 松本徹三

　　作者關注科技發展，深刻思考研究，筆耕不怠。本人對本書先期版閱讀學習後，非常喜歡。該書有四個鮮明的特點。第一，通俗易懂，簡潔明瞭，作者將浩瀚的人類通訊歷史，從古代的烽火傳信，到現在的 5G，未來的 6G ＋，幾筆勾勒，影像清晰，讀者在閱讀中可以輕鬆學習；第二，涵古茹今，包羅永珍，從遠古人類的共同母親露西，到現在某些英國人認為新冠由 5G 導致的可笑故事，人類未來發展，就在他的筆下娓娓道來；第三，東西薈萃，世界眼光，作者負責通訊公司海外業務，長期在海外工作，具世界眼光，遠大開闊，他對 5G、6G 的研發如數家珍，對重要技術，有自己獨到的看法；第四，腳踏實地，暢想開放，同時感覺到作者在具體工作中認真專研，腳踏實地，科學嚴謹，從電磁波的基本原理講到通訊技術，許多複雜的技術都被作者用科學的語言清楚地介紹，有些重要的數據，還給出了列表，或許對專業研發人員都十分重要。同時，作者有科學家的好奇和創新，對人腦科學、人工智慧、量子資訊、生物醫療和未來的人類社會發展廣泛涉獵，大膽預測。閱讀本書，是一種享受，在學習知識的同時，腦力激盪，獲得啟發和產生創造，我積極推薦給讀者們。

—— 龍桂魯

本書客觀地記錄了全球行動通訊的發展歷史，講述了行動通訊帶給人類的生活的巨大變化，並從 5G 的潛力和可改進點切入，展現了萬物智慧時代的 6G 總體願景及其技術挑戰，為我們開啟了未來 10 年無線通訊的新征程。本書可作為 5G、6G 研發人員的參考書，大學研究生的啟蒙教材，也可作為企業布局未來與行動通訊相關業務的參考著作，以及適合對未來通訊系統等領域感興趣的讀者閱讀。

—— 孫江平

人類不同於其他地球動物之處，在於具有鳥瞰歷史和未來的好奇心與能力。作者以宏大、生動的敘事方式，從文明史角度闡述了資訊時代到來之必然，又以資訊專家的專業視角展望了未來：5G 改變社會，而 6G 改變人類！我們每個人都站在資訊時代新的起點上，可以透過本書窺視技術的未來，並以此設計自己的未來。

—— 朱建榮

業界推薦

　　作者歷經三四個月的筆耕，完成了新著的大作。全書共
10 章，從第 1 章的「回顧人類溝通史」到第 10 章的「高超
的溝通方式會如何賦巧人類呢」，章節緊湊有趣，溝通的演
變循序漸進，知識涉獵廣泛，堪比一本科普大全，既顧及了
需要吸收基礎知識的科普閱聽人，也有關於技術發展的專業
深度描繪，內容生動，風格幽默，極有情趣，在現在的快讀
時代，是讓人難以放手的讀物，有種年少時拿到新著《十萬
個為什麼》後忘卻一切，一氣讀完的淋漓暢快感。

　　作者是某知名通訊裝置公司管理人員，畢業於北京清華
大學物理系，後進入東京工業大學完成研究生深造，也是一
個難得的寫得一手好詩的理工科男。在書中有關馬克士威方
程組（Maxwell's equations）的部分中看到了有關馬克士威的
詩，彷彿和描述著人類溝通史、通訊的誕生和發展、網路、
量子、人工智慧以及從 1G 到 5G，暢想到 6G ＋的世界的作
者的宏大思維重合在了一起。

　　書墨香已翹首，清風出袖待明月。

—— 黃鶯

前言

　　行動網路的出現改變了人類的溝通方式。如果你用 Google 翻譯，把中文的「交流」和「溝通」翻譯成英文的話，你會得到同一個英文單字：「communicate」。再翻譯一下中文的「通訊」，你會看到這麼一個英文單字：「communication」。其實，「交流」、「溝通」、「通訊」在英文中都是同一個意思，都是指兩個人或多個人之間的物質，其實更多的是思想、思維這樣的「訊息」透過人體可以感受的方式相互傳授。語言工具當然是最常用的，人們透過嘴巴講出來，透過耳朵聽進去，去理解對方的意圖，了解對方的想法。後來也有了聽起來很高級又很現代的說法：「通訊」。

　　1990 年代開始，地球上出現了一個新的名詞 —— 「網路」，顧名思義，就是互相連線的網路。正是這個網路讓訊息忽略了國界，可以全球化地流通，極大地改變了人類的溝通方式和效率，也造就了 Google、Amazon、Facebook、Apple 等世界級大公司。人們的日常生活中或多或少地在使用著這些公司的產品或服務，像現代人一日不用社交軟體，就好像丟了魂似的，這是為什麼呢？因為只要是人，就會渴望「交流」和「溝通」！

軟銀集團董事長孫正義的口號是：「用資訊革命技術來使人們活得幸福！」

日本網路的代表性人物當之無愧應該是日本軟銀的創始人兼董事長孫正義先生！在 1981 年孫正義連加州大學的學位儀式都不參加急匆匆地返回日本開始創業時，在日本福岡的小樓前，站在橘子箱子上的孫正義，第一次面對自己的兩名員工訓話：「我們公司的銷售額今後要像數豆腐似的 1 兆、2 兆地數⋯⋯」（日文裡面的一塊豆腐是一丁，發音和 1 兆一樣，1 兆日元即 1 兆日元，約合 100 億美元），孫正義先生熱情高昂地講了 2 小時。第二天唯有的這兩名員工就再也沒有來上班，另謀高就去了，還放話說：「我們社長（老闆）的腦袋進水了！」

然而，孫正義先生正是資訊革命時代的先鋒！

他的企業宗旨就是：「用資訊革命技術來使人們活得幸福！」

他率領的軟銀集團在資訊革命的網路時代投資了雅虎（Yahoo）、阿里巴巴，收購了 ARM、日本 Line，創辦了千億美元的一輪又一輪的願景投資（Softbank Vision Fund，SVF）⋯⋯

本書回顧溝通、通訊歷史，講述行動通訊的 5G、6G 技術，展望 6G ＋時代人類的技術革新，以及技術如何來改變人類生活方式和活動範疇！

　　為了人類更輝煌的未來，

　　由人類自己的睿智，

　　來改變人類自己！

第1章

回顧人類溝通史

1.1
智人的出現

幾百萬年前的非洲是人類誕生的搖籃。

1.1.1
人類共同的母親露西

大約在距今三四百萬年前，在當今非洲的衣索比亞境內，一隻母人猿生了兩隻女娃：

一隻為無名氏猴，被認為是現在地球上的黑猩猩的祖先，其子孫都是猩猩，至今也在地球上繁衍生息；

另外一隻考古學家給她取了一個名字，露西。雖然目前我們還不知道是什麼樣的遺傳突變使得露西可以直立行走，而能否直立行走就是人屬動物（人）和猴子（及其他動物）的分水嶺。根據生物遺傳學家的人類粒線體研究，露西被公認為是可以直立行走的所有人類的祖先。

考古學家發現露西生過孩子，活了二十幾歲。露西的腦容量只有 400 多毫升，相當於現代人類七八個月的嬰兒的腦

容量，如果以腦容量來計算智商的話，露西的智商猜想也只是現代人類中，還在嗷嗷待哺的嬰兒的智商水準。

1.1.2
其他人屬動物的種類（人種）

在後續的進化中，地球上或許出現了十多種人屬動物，目前考古學家認為至少有如下的好多種可以稱作為「人」的人屬動物，分別為：尼安德塔人、匠人、魯道夫人、巧人、直立人、海德堡人、佛洛勒斯人……還有智人。

而現在主宰地球的就是智人，並且地球上只有智人而沒有別的人種了！

所以現在我們所認知的人類大概就是指智人繁衍出的子孫了，無論是藍眼睛的歐洲人、黃皮膚的亞洲人、美洲的印第安人、澳洲的土著人還是日本北部島嶼上的 Ainu 人，其實全部都是「有智慧的」（Sapiens）「人」（Homo），即智人（Homo Sapiens）的後代。

1.1.3
猴子與猩猩的不同

許多人會混淆猴子和猩猩，其實，猴子與猩猩最大的不同在於，猴子有尾巴，而猩猩則沒有尾巴，當然我們人類也沒有

尾巴。尾巴在動物身上有一個特別的作用就是保持平衡,讀者
可以看到家裡的貓在跳躍的時候,貓尾巴會在空中擺動。猴子
的尾巴其實也有這種平衡作用,當然猴子的尾巴還可以繞著樹
枝造成固定的作用(其實也可看作一種平衡),而猩猩和人一
樣,平衡主要靠上肢和下肢。從人類生物進化的角度來說,猩
猩離人類應該近一點,而猴子則稍遠一點。

1.1.4
智人是如何勝出成為地球動物之霸王的呢

在距今七、八萬年前,在非洲進化出來的智人開始走出
非洲,奔向中東,繼而以此為跳板向歐洲、亞洲等地擴散,
按照現代的通俗說法應該叫「移民」了,只是那時候的地
球上還沒有什麼國家,也沒有什麼國界之說(或許已經有
了地盤的概念:這塊地方是我們狩獵的地方,你們怎麼過來
呢?因此而發生搏殺,或認為來者是客而招待一番,不能說
絕對沒有這樣友好的氣氛,但是筆者認為這樣友好氣氛的機
率應該不會太大。)當然也沒有什麼「非法移民」或「合
法移民」之說了。一般說來,智人也就是一邊狩獵一邊遷移
而已,所到之處偶爾會遇見和自己差不多的「人」,智人也
許會感到新鮮,也許會感到恐懼。其中活動範圍最廣的應該
是來自尼安德河谷(Neander Valley)的尼安德塔人(Homo

Neanderthalensis）。由於在非洲沒有找到尼安德塔人的頭骨，
故認為尼安德塔人的祖先比智人更早走出非洲到了中東、歐
洲一帶活動，進而進化出了尼安德塔人。單從尼安德塔人的
個體上來說，無論是腦容量還是體力上應該都不輸於智人，
甚至可以說強於智人。

> 本節小結：我們並不特殊，地球上曾經有過好幾種不
> 同種類的人。

1.2
尼安德塔人消失之謎

　　西元 1856 年，考古學家在德國的尼安德河谷發現了一些古人類化石，被稱為「尼安德塔人」，據考察推測，尼安德塔人約在 24 萬年前出現在地球上，主要分布在歐洲大部分地區和中東一帶。考古學家認為尼安德塔人在 20 萬年的時間內應該在歐洲境內繁衍生息，由於尼安德塔人四肢發達，骨架結實，尤其是上臂非常有力，還有一個大鼻子（或許可以解釋為比較適合在寒冷的地區生存的特徵）。在距今 24 萬年前到距今 3 萬年前的約 20 萬年時間內，稱霸歐洲大部地區的當尼安德塔人莫屬了。

　　如此人高馬大，力氣強大的尼安德塔人在距今 3 萬年前突然就徹底從地球上消失了，即所謂的尼安德塔人消失之謎，這著實也讓上百年來的古人類學家傷透了腦筋。為什麼只有智人存在在地球上了呢？到底是尼安德塔人被智人徹底同化了，還是被智人徹底逼上絕路了呢？照道理而言，如果單打獨鬥的話，智人應該還不是身材魁梧的尼安德塔人的對手呢，那智人又如何能把尼安德塔人趕盡殺絕了呢？諸多疑

問一直沒有得到解答。近年的基因研究發現，智人也就是現在的人類的基因中有百分之四到百分之五的尼安德塔人的基因，說明智人確實和尼安德塔人通過婚，對其進行同化過。

一個未經考證的猜想：或許不同物種之間的生殖隔離也擋不住智人和尼安德塔人之間的基因交換，或許歐洲人身材魁梧、高鼻子、大眼睛的基因部分來自於尼安德塔人的 DNA。

1.2.1
溝通方式和溝通效率決定了智人在地球上的統治地位

無論是智人也好，尼安德塔人也好，還是其他人種也好，都屬於群居性社會動物，尤其是人類，需要別人的幫助和協力才能在嚴酷的自然環境中生存和繁衍下去。例如，人類的小孩在五、六歲之前都需要別人的照看，這就是孩子需要的所謂父母的「養育」，所以人都知道父母的「養育之恩」，當然這個過程中也會有叔叔阿姨、爺爺奶奶的照看帶領，也會有其他親戚朋友或鄰居的照顧等。既然人類是社會性的群居動物，那麼個體與個體之間的交流和溝通，還有協力和合作就顯得非常重要。

美國史丹佛大學考古學家的研究發現，智人的發音氣管比尼安德塔人和其他人種要長一點點。就是這一點點氣管的長度差異讓智人能夠發出多種不同的聲音來表達和傳遞各式

各樣不同的意思，這就是語言的誕生！而像尼安德塔人等其他人種只能發出幾個或者幾十個簡單的發音，形成不了完整的語言或語言系統。這種發音的複雜程度決定了溝通的完整性和準確性，也影響了知識的傳承性，進而決定了人種的競爭能力。有學者把智人的這種溝通傳承叫作認知革命（Cognitive Revolution）！智人主要透過語言交流的方式，某個人進行表達，別人接受理解，這種相互作用，不但使個體對事物、外界的理解得以提高，其群體的「Know-How」，即知識、經驗的累積和共享也大大得到提升。

語言的本質是表現「自我」和「外界」的關係，亦或「外界」對「自我」的作用。

舉個例子說明溝通的重要性，五個尼安德塔人和五個智人同時出去狩獵，如果背後突然來了兩隻老虎企圖襲擊他們，當一個尼安德塔人發現這個情況時，他會發出警告的呼聲：「危險危險！老虎！老虎！」而智人則會這麼警告：「危險！危險！露西 A，你身後來了一隻大老虎、一隻小老虎，大老虎離你還有三十步遠，小老虎在大老虎身後五步的距離，露西 B、露西 C 你們二位可以轉身去殺小老虎，露西 A、露西 D 和我一起對付大老虎。」如此這般的不同的溝通會造成不同的結果，尼安德塔人的結果可能是：早上出去的是五個尼安德塔人，下午或傍晚只回來了四個尼安德塔人，一個被老虎吃掉

了。而智人則可能是這樣的結果：早上出去五個智人，中午五個人全部回來了，或許有一個智人，或幾個智人在和老虎搏殺時受了一點傷，但是帶了一隻美味的獵物，小老虎，可以讓家人或群居的人們一起分享美味可口的老虎肉。同樣地，複雜的發音和溝通能力可以讓智人把狩獵的經驗分享給別人和孩子：老虎很厲害，必須有三個以上的人一起搏殺，最好先把老虎的眼睛弄瞎，或許可以先用石頭砸老虎的前腳，或許可以在老虎出沒的地方挖一些深一點的坑，至少要一個半的大人那麼深，老虎掉進去以後就出不來了。諸如此類的經驗或者說是知識。當然一些瑣事的八卦乃至夜晚夢到的夢也可以透過複雜的發音，也就是複雜的語言表達方式分享傳承。這樣一種原始的「教育」，一代一代的「累積」，漸漸使得智人驕傲地稱自己是「有智慧的人」，而尼安德塔人等其他人種則在嚴酷的自然界面前顯得越來越弱。他們也許為了爭奪狩獵地盤，在和智人的爭鬥中敗退，亦或成為智人的獵物，被殺，被吃，亦或只能退居到更加嚴酷的地方尋求活路。根據考古學家的說法，尼安德塔人就在距今三四萬年前從這個地球上消失了。相反地，在與其他人種的競爭中處於不敗之地的智人則以驚人的速度擴散到除了南極和一些極其偏遠的海中小島以外的地球的各個洲際。當然其他的人種也在智人的智慧之下被趕盡殺絕，以至於現在地球上只有智人這一種人屬動物了。

1.2.2

「人屬文明，人屬語言」的多樣性

　　其實在距今三四萬年前，地球上應該擁有上萬乃至數萬種文明，無論是尼安德塔人的文明，北京猿人的文明，還是丹尼索瓦人的文明等，當然我們的祖先，智人的文明也在其中。與此同時地球上也有上萬種的語言，無論是智人複雜的語言，還是別的人種的簡單的語言，可以說那時是地球上「人屬文明、人屬語言」百花齊放的時代。只是隨著智人霸占地球程式的發展，愈來愈多的文明、語言被淘汰、同化、吸收亦或改變。時至今日，地球上大概也只剩下幾百種，最多一千種智人的後裔，所謂的人類的語言了。當然，面對如此多種的語言，智人之間又是如何溝通交流的呢？又是什麼樣的人在做翻譯呢？諸多不解之迷還有待著科學家們的研究解析，不過我們的祖先一定憑著其智慧和過人（別的人種）之處，在不同的文明、不同的語言中溝通過、交流過，亦或碰撞過、衝突過。

1.2.3

神與宗教的誕生

　　《AI 成「神」之日：人工智慧的終極演變》一書這樣描述過：神的概念幾乎是和語言同時誕生的，當人們仰望天

空，有時候是晴天，有時候是陰天，有時候會下雨，有時候
會閃電雷鳴，有時候會有山林大火；本來很健康的人，突然
有一天生病了；年輕婦女的肚子會慢慢變大，過一段時間後
就會生出小孩⋯⋯這個世界上每天都有稀奇古怪的事情發
生，當時的人們認為一定有一個神通廣大的「人」在後面指
使著那些「怪事」的發生和結束。把這個看不見，摸不到的
「人」理解成「神」就什麼都好理解了，就可以去解釋那些
「神神祕祕的事件」了。於是人在大腦裡想像出了「神」，
繼而透過語言交流，八卦九說傳給了別人，還說得「神神祕
祕」的，使人深信不疑，「神」就這樣誕生了。

　　如果所有的一切都是有「神」在操縱的話，那麼我們去
請求「神」做什麼，或者不做什麼，如果「神」可以聽進去
並且發揮其廣大的神通的話，是不是就可以達到我們的目的
了呢？就這樣，人們產生了一種想法，即「對於神決定的大
部分事情，只要我們平時虔誠地禱告祈求神靈，神應該會聽
進去」，當這樣的想法得到越來越多人認可並且被當作一種
信念的時候，筆者認為宗教誕生了！

　　神、宗教也在後續的文明創造中，亦或文明衝突中都有
舉足輕重的作用。此非本書重點所在，因此就不再細述太多
了。但是不可否認的是，神和宗教的概念都對於智人的溝通
交流有著不可磨滅的影響。

1.2.4
傳說中的女媧

　　好奇的讀者也許會問，中華民族的祖先不是女媧嗎？在中華大地上生息的炎黃子孫中確實流傳著女媧的故事：相傳女媧用泥土捏了男女青年，使其婚配繁衍後代，於是女媧可謂是中華民族的母親。不過這個故事沒有科學根據，只是流傳在華夏大地的神話傳說而已。

1.2.5
北京猿人是中華民族的祖先嗎

　　或許還有聰明的讀者問，北京猿人不是中華民族的祖先嗎？至少是北京人的祖先吧。其實讀者有這樣的疑問非常可以理解。二十世紀初期在北京龍骨山周口店發現的遠古人類頭蓋骨化石確實震撼了世界，有的期刊就稱之為「北京人」了，其實這些遠古人類是生活在距今七十萬年前到二十萬年前的直立人（Homo erectus）的一種，由於帶有猿猴的特徵，被命名為北京猿人。猜想在四萬年前，當智人來到北京附近的時候，和當地的北京猿人發生了衝突和競爭。而北京猿人在這場競爭中也是同樣地敗在了智人手下，被徹底地消滅了。

　　可以這麼認為：相對於其他人種，正是由於智人擁有著複雜的發音能力，即優秀的語言能力和高明的溝通水準，使

得智人擁有集體智慧，優於其他人種，從而征服了世界，成了地球之霸王。

在距離現在二、三萬年前，智人憑藉著其「智慧」把其他人種，包括某些非人屬的大型動物通通滅絕了。而智人則在這樣的過程中擴散、遷移，探索著新的賴以生存的場所，或許是由於智人內部之間的爭鬥，一部分的智人離開了原來的居住地，逃亡或開闢新的居住地，使得智人的足跡踏遍了地球的大部分地方。在接下來的篇章中就以人類一詞來代表唯一活躍在地球上的人種了。

1.3
假如尼安德塔人還在的話

想像以下場景：

1.3.1
走在王府井大街上的尼安德塔人

2021 年 12 月的聖誕節，一位西服革履的二十幾歲的尼安德塔人男子走在北京的王府井大街上。人們一般不會驚奇，因為他和在北京的其他西方人沒有什麼差別，或許他身材高挑，臉龐的輪廓特別分明，還會引來年輕女子的注意。其實如果他不開口講話的話，人們絕對不會知道這位英俊的年輕人和我們是不同的人種，那麼如果他開口說話呢？

1.3.2
發音不全的尼安德塔人

如果這位尼安德塔人的年輕人沒有做過任何氣管手術的話，無論他是講英文還是中文，可能都會給人們五音不全的

感覺，或許有點結結巴巴。但是如果他接受過氣管延長手術，或許他能夠和我們一樣非常流利地溝通，但是不論哪種情況，人們基本上認為他就是我們同樣的人，因為他實在是和人類很像，沒有太大的差別。

1.3.3
受到過現代教育的尼安德塔人

　　如果一個尼安德塔人生下來以後接受了氣管延長手術的話，那麼他或她其實就可以像人類的孩子們一樣接受教育，從幼兒園、小學、國中、高中，到大學。由於尼安德塔人的腦容量其實比人類還稍微大一點，筆者認為或許尼安德塔人的成績不會比人類的小孩差，甚至平均來說，很有可能比人類的孩子還要好。當然，像體育這類的專業自然是尼安德塔人的專長，學校運動會裡面的百米、跳遠等運動的冠軍大概都由尼安德塔人囊括。或許許多學科還會有尼安德塔人教授呢！

　　相反地，如果誕生下來的尼安德塔人由於某種原因，比如信仰，沒有接受過氣管延長手術，也沒有接受過人類的教育的話，那麼憑藉其過人的體力，也應該可以在社會中找到他們相應的職位，拿到薪資，獲取食物。不過，很可能大多尼安德塔人會從事體力勞動，畢竟一個尼安德塔人的體力可以抵得上兩三個智人的體力。

1.3.4
爭取人權平等的尼安德塔人

如果在 2020 到 2021 年新冠氾濫的時候，發生了某位尼安德塔人被警察壓住脖子窒息死亡的事件，不知道會不會爆發大規模的少數種屬的尼安德塔人的遊行示威呢？尼安德塔人會不會喊出「Neanderthalensis Lives Matter！」即「尼命貴」的口號呢？也不知道我們智人的後代會不會響應這樣的共鳴呢？

由於章節有限，諸多假設還是留給我們聰明的讀者去想像吧！

> 本節小結：個體之間的溝通能力決定了群體競爭力。

1.4
人體需要能量

1.4.1
人類的煩惱：食物

儘管我們的祖先智人在三四萬前利用其高超的語言溝通能力在和其他人種的生存競爭中脫穎而出，成了唯一馳騁在這個星球上的人種，然而智人在隨後的歷程中卻一直在為一個事情苦惱：食物。

在中華文明史上有位東晉的大詩人陶淵明被譽為是田園詩人，據說由於不願意奉承上官，辭去了縣令的官職，有所謂的「不為五斗米折腰」的氣節（當時縣令的薪水就是五斗米）。而智人在幾萬年的生息繁衍中卻基本上沒有陶公那麼瀟灑，因為人體的活動，生存都需要能量，需要有食物來補充體內的能量。故有古話說：一日不吃餓得慌，三日不吃眼前花。這個「眼前花」應該就是血糖低表現出頭昏目眩的症狀。

我們的智人祖先正是為了克服這種頭昏目眩一直在不停地尋找食物：一見到果樹上熟透的水果就會忘乎所以，拚命

地吃；或者打到一隻獵物後，一家人圍著篝火，香噴噴地吃個精光，然後有精神了，開始用語言描述如何找到果樹的，或者回憶一下幾個人如何圍住獵物的，亦或八卦起爺爺奶奶的狩獵經驗等。可見我們的智人祖先在辛苦的尋食過程中是多麼渴望甜的食物和有脂肪的高能量的肉類。

1.4.2
甜食的作用

如今在商務套餐的最後，一般會端上來一盤水果，或者一些冰淇淋之類的甜點，作為這個套餐的結尾。儘管人們已經吃過了包含魚肉的正餐（Main Dish），也喝了不少高能量的美酒，但是依然會開心地享用最後的西瓜、葡萄、冰淇淋之類的甜美點綴。在日本女孩的中間甚至有一種說法「甘いものは別腹！」，中文意思大概是「哎呀，儘管已經吃得再也吃不下啦，不過甜食是裝在別的肚子裡的！」（還是吃！）

當然還有一種腦科學方面的說法是：當人們在吃食物的時候，尤其是在肚子餓的時候吃甜食，人的大腦會分泌出多巴胺和 β 類腦內啡，這些物質被叫作快樂物質，會引起人的大腦產生某種快感。

其實想吃甜食，願意吃高能量的肉類等傾向都是我們的祖先 —— Homo Sapiens 在幾萬年，幾十萬年的進化過程中

留在我們這些子孫的基因裡面的。所以大可不必去嘲笑某個
貪吃的或者好吃懶做的人。其實你自己的基因裡面或多或少
也隱隱地繼承了這種好吃懶做的 DNA，只是你自己很有自制
力，非常勤奮，或者你的惰性還沒有表現出來而已。

當今時代，或許地球上大部分人已經不再為了食物而苦惱
（當然還是有不少落後國家，每人每天的生活費很少，或許由於
乾旱、洪水等天災還有不少人在為能否吃得到下一頓而擔憂）。
相對於總為食物而擔心的祖先來說，我們現代的許多人反而得
了一種富貴病：糖尿病。那是由於攝取了過多的食物、過多的
卡路里（能量），或者吃慣了高熱量的食物而引發的一種疾病。

1.4.3
人體的大腦需要能量

人類在生活中需要思考，需要和人進行語言的溝通，需
要移動去實現與別人接觸，需要去狩獵等，這些勞動都需要
能量，其中在我們的脖子上，所謂的項上人頭需要大量的能
量，是我們人體中最消耗能量的器官。平均一個人的大腦每
天要消耗 300 卡路里左右的能量，而一個圍棋選手，或象棋
選手如果一整天都在下棋的話，猜想可能要消耗 5,000 乃至
6,000 卡路里左右的能量。

1.4.4

大腦與手機（小型電腦）

當今時代，大家都非常熟悉的 PC 和手機，都是人類認知世界的有力工具。僅從資訊處理和能量消耗的角度來看，我們試著做如下比喻。

我們人體的大腦類似於一臺電腦或者現在的一臺蘋果手機（其實手機就是一臺小型的電腦）。

大腦可以記憶，手機也可以存放記錄。你的手機裡面一定有不少圖片和錄影存放在硬碟（HDD）裡面。你去蘋果店買手機的時候一定會被問到：要 128G 的？還是 256G 的？這個 128G、256G 就是手機的硬碟的大小，硬碟越大可以存放的東西就越多。

大腦可以回憶往事，手機也可以翻出來過去的訊息！你可以在手機裡面諸多的照片中找出你中意的一張。

可以向大腦裡面輸入：透過聲音、眼睛等五感往大腦輸入。

手機也可以輸入：透過鍵盤或像 SIRI 之類的語音輸入。

可以從大腦裡面輸出：大腦想的可以透過嘴巴發出的聲音，或者寫字等動作表達出來。

手機也可以輸出：透過喇叭、螢幕顯示，或者手機震動等方式表達出來。

諸如此類，大腦和手機一樣都需要能量：

人的大腦需要人體攝取食物，消化後變成能量（主要是糖分）。

手機需要電源或充電寶來充電，可以供電給 CPU。

人體在吃飽後，大腦會發出訊號：已經吃飽了，不能再吃了。

手機在充滿電後，也會告訴充電裝置：已經充滿了，不要再充了。

如果一個人一週不吃飯，那麼他或她一定沒有力氣說話，也沒有力氣思考了。

如果一臺手機沒有電了，那就啟動不了，什麼也做不了。

您說二者像不像呢？

1.4.5
說說好吃懶做

如上所述，人的大腦需要能量，但是在遠古時代，我們的祖先沒能像二十一世紀的人類那樣每頓都能吃得飽飽的，於是為了生存下去，祖先發明了一種「開源節流」的機制。開源，即盡量吃有糖分的，有卡路里的食物；節流，即盡量少支出能量、少活動、少思想、多睡覺等都是節流的方法。我們的祖先把這樣的「生存技巧」深深地刻在我們的 DNA

上了，在現代人身上表現出來的就是大家所說的「好吃懶做」。所以好吃懶做只是祖先留給我們的一種智慧遺傳基因而已，那麼我們的這些子子孫孫何必去譏笑這種「祖先留給我們的智慧」呢？

> 本節小結：人體需要能量，大腦活動需要能量，電腦也需要能量。能量問題是當今和未來人類社會的一大課題。

1.5
農業時代的溝通方式

如何有效地利用能量，對於我們的祖先來說就是如何有效地利用食物，這種賴以生存的東西。

在距今一萬多年前，我們的祖先馴服了某些動物，例如狗、豬，也馴服了某些植物，例如中東一帶的智人開始種植小麥，黃河流域一帶的智人開始種植稻子，南美一帶的智人開始種植玉米、馬鈴薯等農作物。農業革命到來，智人社會進入了農業社會時代。

1.5.1
人類好像開始了安居樂業

農業社會使得一部分的人類可以放棄原先世世代代靠狩獵為生的生活方式，開始了開墾定居，有計畫地消耗糧食獲取能量的安居樂業的美好生活。狩獵時代的飢一頓飽一頓的生活讓人類一直在為食物發愁，並且不停地為了尋找獵物或者占據狩獵的地盤，不斷地遷移，以現在的話來說，要經常搬家。經常搬家確實非常折磨人，要離開好不容易熟悉的狩

獵地形，又要重新熟悉新的地方，研究如何俘獲動物，如何
摘取果子，如何躲避猛獸的襲擊，當然還有如何躲避來自其
他人類部落的侵擾襲擊等。可以在一個地方安居下來，安心
種植農作物，再飼養一些家畜等，對於祖祖輩輩顛沛流離的
人類來說簡直像找到了樂園一樣。

1.5.2
國家概念的出現

同一個部落，或者關係比較近的不同部落，後來演化為
民族。為了自己生活的圈子能夠固定下來，生活在同一個地
區或不同地區的同一個民族，或者不同部落、不同民族聯合
起來把一定的區域稱為自己的領土或領地，並且有了大家接
受的，或者基本上可以接受的領袖，還制定了一定的規矩
等，於是「國家」的概念出現了。

然而，好不容易得來的安居樂業其實並不那麼安樂。

這邊的農業社會的安居帶來的相對富裕自然引來了別的
部落的羨慕和覬覦，特別是一些游牧民族，憑藉其馬上功
夫，開始對於富裕的定居型農業社會的人們進行搶劫和掠
奪，農業社會的人們為了保護自己的勞動成果，自然開始了
防護和反抗措施。在中華大地上為了防止北方游牧民族的侵
擾，從春秋戰國開始中國的多個王朝開始了長城的修建：東

起山海關，西至嘉峪關的萬里長城就是在這樣的背景下修築起來的。

當然，為了防止侵擾，有智慧的人類自然想到了抵抗、反擊：衛青、霍去病等名將都在那樣的歷史背景下誕生。同時一切活動都不是一個人完成的，都需要溝通交流，如危險來時的警告、敵人進犯時的阻擊方式、反擊入侵者的布陣等。

1.5.3
造紙術的發明

最初人類用竹簡（即古代用來寫字的竹片）、羊皮等來記載歷史和事件，也有把文字刻在竹片，或把碑文刻在石頭上的。這些竹簡比較笨重，羊皮又很昂貴，要想把平常人們說話溝通的內容寫到竹簡上，需要很多很多竹簡，不容易攜帶，因此，古人在竹簡上寫的文字大多比較簡潔，只能用很少的字來表達意思，不能像白話文那樣用許多字來表達。到了中國漢代，蔡倫發明了造紙技術，造出了又薄又輕的紙張，極為方便攜帶，被稱為蔡侯紙。蔡倫的造紙技術也傳向了日本和中亞歐洲等地，日本人後來改進該技術造出了「和紙」，可以說中國的造紙術對人類的溝通，文明的傳播有著傑出的貢獻。大量的歷史可以寫下來，製成書供人們閱讀，

這其實是人類的一種高超的溝通技巧，直到資訊革命時代，人類的溝通方式在過去二千多年時間內主要以書信等紙面交流為主，這同樣也是人類知識的一種有效的傳承方式。俗話說：「書中自有顏如玉，書中自有黃金屋。」意思是指讀書人有出息，那麼為什麼讀書人有出息呢，讀者都明白那是因為從書本中可以得到許多知識，或者說是智慧。

接下來幾節來介紹農業社會中的人與人，部落與部落，國家內部，國家之間的溝通方式和資訊傳播方法。

1.5.4
近距離的溝通

當時的智人猜想也就在一、二公里的範圍內，由少則十幾人、幾十人，多則也就幾百人在一起組成村落，過著互相幫助的集體生活。人類忠實的衛士 —— 狗，自然也和人類一起生活在人類的村落中。如果有陌生人闖入村落，狗就會發出警告：「汪汪汪汪汪」，這大概是人類最早最原始的警報系統了。只要聽到狗的叫聲，人們就會警覺起來，出來看看發生了什麼事情，如果發現一隻老虎進村了，某人就會大聲叫喊：「大家小心啦，有一隻老虎進來啦！」住在隔壁幾十公尺或一百公尺以內的人家就能聽到這樣的叫聲。無論是狗叫聲也好，還是人的叫聲也好，近距離的溝通就是那麼簡單，

靠的是喉嚨喊。當然如果距離稍微遠一點，往聲音根本傳不到的地方，那麼只好麻煩哪一位跑腿的去帶個話了。

有時候，村落的首領需要傳達什麼重要指示的，往往會召集大家一起，然後站在臺上，面對幾十個、幾百個的村落住民，嗓門大開，其實這種方式和之前的溝通方式沒有什麼差別。

如果某個村落村民懂得手語的話，或許某人只需要做一些手勢就能讓別人懂得其內容，進行溝通，但是猜想大部分人還是不懂複雜的手勢的。

當時的人類還有一些效率比較高的號召性工具來傳達某種訊息，那就是大鼓、號角、螺號等。現在的非洲某些部落依然還用擊鼓傳音來向村民傳遞某種訊息；在三國演義中每當張飛、關羽、趙雲出陣迎敵時一般都要擊鼓助威，利用鼓聲號召士兵一起打起精神，齊聲吶喊助威。號角後來也演變成了軍隊裡面的衝鋒號，或現在學校裡面的哨子等。像這樣的大鼓、號角、螺號一般在幾公里之內可以傳達某些事先約定的簡單訊息，如危險來了，危險解除了，一起衝鋒，撤退，時間到了等。

1.5.5
中距離的溝通

當需要向距離十幾公里、幾十公里、一百公里或二百公里以外的村落傳遞消息的時候，可以派一位飛毛腿帶話，這

是非常自然可以想到的方法，但是即便是現代的馬拉松選手，如果讓他跑一百公里的話，猜想也需要五、六個小時，也就是二、三個時辰，假如消息是緊急軍情的話，那麼耗時五、六個小時就非常不及時了。

別忘了，智人是靠狩獵為生的，除了擁有忠實的衛士 —— 狗以外，還會騎馬進行遠距離狩獵，因此快馬報信自然也是常用的手段，而且比飛毛腿應該快得多。

當然，智人之所以被譽為有智慧的人，自然有其過人之處，我們的祖先可以用鴿子來傳達消息，即飛鴿傳書。對於鴿子來說，不到一個小時就可以把訊息（往往是帶有記號的東西，或者有文字後的書信）帶到一百公里以外，這比用馬，用人都快得多。

還有鴻雁飛信等方式也都是古人的智慧。以及建造高高的訊號塔，用幾種顏色的訊號旗傳遞消息。比如烽火戲諸侯的故事，讀者可能都知道西周末年的周幽王為了博得妃子一笑，幾次點起了烽火臺，雖博來了妃子的笑，卻戲弄了各位諸侯，結果當敵人真的來臨，點起烽火臺的時候，卻沒有諸侯再來相助，白白丟了天下。烽火是古人的一種緊急軍事報警系統，當發現敵情，需要友軍支持的時候，軍士就會在高高的烽火臺上點燃煙火，讓遠在幾十公里，甚至一、二百公里以外的友軍知道軍情，烽火臺通常不是一個，而是幾個，

十幾個連續的，可以把緊急軍情傳到幾百公里，乃至上千公里之外。但是烽火臺能夠傳達的資訊量太少，基本上也就是「這裡情況緊急，請求支持」之類的消息，不能像書信傳達幾百、幾千字的複雜訊息內容。

1.5.6
遠距離的溝通

　　如果需要和陸地上相距幾百公里，乃至幾千公里以外的人進行溝通，這時候就需要所謂的信使了。信使大多使用馬匹、馬車，中國古代朝廷的信使也叫驛使，據說在宋朝把所有公文和書信的機構總稱為「遞」（在今天我們還有「郵差」之說），而且還有緊急的「急遞鋪」來傳遞朝廷的緊急書信，急遞用的驛馬上繫有銅鈴，快馬奔跑時的鈴響意味著「緊急」。為了盡快傳遞消息，需要鋪鋪換馬，數鋪換人，風雨無阻，日夜兼程地奔跑，古代有千里馬、血汗馬等擅長奔跑的馬種。

　　本節小結：在農業革命後，遠距離的訊息傳遞主要靠人的腳力、馬匹奔跑、鳥類飛行等方法。

1.6
工業時代的溝通方式

1.6.1
科學革命奠定了歐洲工業革命的基礎

當人類歷史步入西元十六世紀，在愛新覺羅‧努爾哈赤統一了女真族，於遠東即中國東北地區祭天登基，建國立業，富國強兵後攻打山海關，領吳三桂之兵推翻大明，在中國建立最後一個封建王朝的三四百年間，歐洲大地上已經悄然颳起了科學革命的春風。以尼古拉‧哥白尼（Nicolas Copernicus）為代表的天文學家一反歷來的地球中心學，主張以太陽為中心的「日心說」，雖然這些新的學說與傳統宗教有著巨大的衝突。後續相繼以伽利略‧伽利萊（Galileo Galilei）、艾薩克‧牛頓（Isaac Newton）為代表的物理學家，以約翰‧道耳頓（John Dalton）為代表的化學家，以查爾斯‧達爾文（Charles Darwin）為代表的生物學家等相繼在歐洲活躍，當然還有像阿爾伯特‧愛因斯坦（Albert Einstein）這樣的想把宇宙萬物規律用美麗的公式來表現的大科學家的出

現，這些都大大改變人們以神學和宗教為中心的思維，使人們開始了科學的思維模式。應該說這是人類（智人）的一次新的認知革新，是對自然界本質認識的一次飛躍，是人類社會的一種科學的認知觀和發展觀。筆者認為正是這些自然科學研究和認知的進步才拉開了歐洲工業革命的序幕。

1.6.2
人類迎來了工業時代

在農業社會，從生產的角度來看，人們主要從事著種植、養畜、放牧等勞動；從能量獲取的方式來看，人們主要依賴著每天太陽的照射能量，即植物透過光合作用獲取能量，動物又吃植物獲取能量後儲存在體內，人類又以植物或動物等為食物來獲取人體需要的能量。所以農業社會主要是「靠人，靠牲畜之力」，人多就可以種植更多的地，養更多的牲畜。「靠天吃飯」，指的是農作物的成長主要就看天氣情況了，如果幾個月不出太陽，那麼農民的收成一定不好，很容易出現饑荒的災難。

在歐洲科學革命的基礎下，以詹姆士・瓦特（James Watt）的蒸汽機為代表的發明開啟了人類工業革命的篇章。有了蒸汽機、鋼鐵、煤炭、石油後，人類開始發明創造各式各樣的可利用動力的機器，例如紡織機、輪船、軍艦、汽

車、火車、飛機、大砲等。從能量利用的角度來說,其效率
已經大大高於農業社會的太陽照射了,因為煤炭、石油裡面
包含了經過幾萬年乃至上百萬年的太陽照射而吸收的動植
物的能量。在煤炭、石油的動力驅動下,生產效率比起農
業社會靠人手工的力量,已經大相逕庭了。紡織機可以一
天二十四小時地工作,而且速度又是人的幾倍、幾十倍之
高。飛毛腿、千里馬跑得再快也比不上汽車、火車、飛機的
速度。

1.6.3
動力交通工具的出現

人類進入工業時代,各式各樣的動力交通工具隨之被發
明,這些汽車、火車、飛機等工業時代的交通工具替代了原
先的以人畜為主的人力車、馬車等,極大地加速了世界性的
人流、物流以及訊息的流通。以火車為例,西元 1804 年,英
國人發明了蒸汽火車(據說速度只有五、六公里每小時),
到了西元 1879 年,德國西門子公司(SIEMENS)設計出來
電力機車(速度可以在幾十公里到二百公里每小時)。儘管
有人會說「這個機器馬力很足」,但是現代科學的叫法應該
是瓦特,一般會說多少瓦特、多少千瓦等,這個「瓦特」就
是以發明蒸汽機的英國人瓦特命名的。

1.6.4
早期工業時代的溝通

　　工業時代的到來大大改變了人類農業社會時代的生活，但是這個時候的人類的溝通方式並沒有根本性的改變，人們依舊圍聚在一起八卦著各式各樣的瑣事；人們依舊利用書信和遠方的親戚朋友交流各種訊息；當然公司之間也透過書信交換合約等商業上的重要函件。與之前不同的是，只要當地有郵局，信件往返的時間比以前縮短了，例如在臺灣寄一封信件的話，一般三天左右可以收到，如果寄到國外可能還需要更長一點的時間。對於分隔兩地的戀人來說，等一封信或許會有一種望眼欲穿的感覺吧，當然如果想讓對方快一點收到 Love Letter，或者明信片的話，還可以用加急或者航空信件等方法。

1.6.5
電報的發明

　　西元 1844 年，根據電磁感應原理，美國人摩斯（Samuel Morse）發明了電報，向 65 公里外發出了人類第一封電報。由於摩斯是一位虔誠的基督徒，他發的電報內容是「WHAT HATH GOD WROUGHT」（中文為：上帝行了何等大事）。

1.6.6

電話的發明 —— 貝爾公司的誕生

在摩斯電報發明三十年之後，美國人亞歷山大·貝爾（Alexander Bell）發明了電話。

電話的發明使得人類可以像面對面一樣直接進行雙向的遠距離聲音交流，可以說這和人類之前的書信溝通方式有本質的區別。電話溝通就像走了書信溝通中的一個捷徑，少了個環節，大大提升了溝通效率，可以說亞歷山大·貝爾堪當通訊人的鼻祖。

貝爾也於西元 1876 年獲得電話專利，並成立了貝爾公司，也就是現在的美國電話與電報公司（AT&T）的前身。

電話在英文中為「Telephone」，過去曾譯為「德律風」，後來人們發現以電器傳話的這個東西還是叫電話比較合適，故電話一詞也就在中文中固定下來，直至今日，我們平時常會說，「我打電話給你」之類的說法。

1.6.7

報紙、雜誌、廣播、電視等媒體的出現

在工業時代，即工業社會裡面，隨著印刷機器的發明，出現了報紙、雜誌等面向公共大眾的紙質媒體，極大豐富了訊息的傳播管道。二戰之後，電視的誕生極大地豐富了人們

的生活，人類傳播訊息的數量也快速成長。

　　至今為止，報紙、雜誌這樣的紙質媒體其實和之前的書信沒有本質的差別，對讀者也有一定的要求，那就是必須得識字。如果是一個文盲那就無法讀報紙雜誌。當然之前的書信，訊息溝通者的數量遵循著一對一的原則，存在著那麼一點私密性的意味。如果在教室裡某男生拿著隔壁男生女友寄來的情書（Love Letter）當著全班人聲朗讀的話，被唸的人一定會不高興吧。但是報紙、雜誌則是大眾化的媒體，從訊息溝通者的數量來看應該是一對多的概念。

　　隨著人類對電波的深入理解（後續章節中會詳細講述電波），廣播這種新型的媒體也誕生了。廣播從技術上來說，就是讓聲音透過無線電波（也有用導線的樓內廣播等）傳出去，讓許多人透過收音機這個終端裝置收聽到聲音內容。其實筆者認為從資訊溝通的本質來說，其實是把報紙雜誌的內容透過播音員的朗讀傳送給不特定的許多人（聽眾），是一種比報紙雜誌發行零售更加高效快速的媒體傳播方式。

　　電視的誕生可以追溯到 19 世紀，當時德國人保羅・尼普科夫（Paul Nipkow）就使用了機械掃描方法進行了人類首次反射影像的實驗。目前普遍認為電視是 1925 年在英國人約翰・貝爾德（John Baird）的木偶掃描影像的試驗中誕生的，因此貝爾德被譽為「電視之父」。

　　看書信、報紙、雜誌用的是人類眼睛，人把看到的內容輸入進大腦並理解；聽收音機廣播用的是人類的耳朵，人把聽到的內容輸入進大腦並理解。

　　那麼看電視呢？

　　看電視其實同時用了人類的眼睛和耳朵，人把聽到的和看到的內容輸入進大腦並理解。

　　電視的出現極大地豐富了人類的生活。電視節目中遠在千里之外的長城的宏偉壯觀，黃河水咆哮之聲等活生生的影像就出現在了我們的眼前，人類彷彿長了「千里眼，順風耳」。

> 　　本節小結：工業革命後對煤炭和石油的利用以及動力交通工具的誕生加速了全球性人流、物流和訊息的流通。電報電話的發明則促進了人類溝通並提升了訊息的互動速度和效率。報紙、廣播、電視這樣的大眾媒體的誕生則豐富了訊息傳播的管道。可以說在工業時代的溝通已經基本上讓人類擺脫了距離的約束，其傳播速度之快和傳播效率之高也是農業時代無法比擬的。

1.7
資訊時代的溝通方式

1.7.1
資訊科技

　　資訊科技一詞最早出現在 1958 年的《哈佛商業評論雜誌》（*Harvard Business Review*）中，是指對資訊的獲取和處理、儲存與傳輸過程中用到的各種技術的總稱。資訊科技主要指感測技術、電腦技術和通訊技術等領域。

　　資訊革命在英文中表達為 Information Revolution。指的是由於資訊生產，處理手段的高度發達而導致的社會生產力和生產關係的變革，也有人稱之為第四次工業革命，就像工業革命重新定義了人力和物力資源一樣，資訊革命重新定義了資訊資源。資訊革命以全球網路的普及為一個重要代表。相比手工處理，用資訊科技對各類訊息快速處理極大地提高了社會生產力，刺激和改善著社會的各種關係。

　　資訊科技的英文是「Information Technology」，也是近年來大家常說的「IT」。當別人說是做 IT 工作的，其實就是用

電腦來處理資訊，也就是設計系統，編製程式。

也許有人要問到底「IT 工作」要處理什麼樣的資訊呢？舉一個例子來說明吧，有一個學校有 2,000 名學生，每一個學生都有一個檔案，記載著該學生的姓名、性別、出生年月日、家庭地址、父母姓名、連絡電話、該學生每一個學期的各科目的考試成績，班主任的評語等。在 IT 出現之前，如果要查某一個已經畢業學生的中學一年級的物理成績的話，需要老師去翻開檔案或者紙質成績冊，在幾千人的裡面按照該同學的姓名去查詢，多則花費幾個小時，少則也需要半個小時的功夫。這還算簡單的，如果是再複雜一點的查詢，比如想要找到五年前畢業生的中學一年級的物理考試成績的排名表，就很困難了，不光要查出那一屆學生的一年級的物理成績，還要把他們的成績排序，這可是太費力了。但是如果有 IT 系統（也稱電腦系統、電腦系統）的話、只需要開啟 IT 系統，輸入這些要求，結果就會在幾秒鐘之內出來了。由此可見，IT 系統的效率已經是傳統系統效率的幾百、幾千甚至幾萬倍了！

那麼如果想要把上面的某某學生的國中成績送到該同學所在的公司的話，該怎麼辦呢？最簡單的方法就是把該同學的成績單影印一份，帶回去就可以了。當然這種方法非常自然，無可厚非。但是當今的人們已經很少用實體文件了，可

以用手機拍幾張成績單的照片,用 Line 或者電子郵件直接傳到公司即可,幾秒鐘後該同學公司的主管就可以看到成績單,這裡面就用到了通訊技術。

通訊技術,是電子工程的一個重要分支技術,其目的就是以電磁波、聲波、光波的形式要把訊息從 A 地點傳輸到 B 地點或者其他多個地點。擅長訊息處理的資訊科技(IT)和擅長傳輸訊息的通訊技術(CT)的出現,使得資訊時代的代表者網路快速崛起,人們也習慣把 IT 和 CT 融合稱為 ICT,即資訊及通訊技術。尤其是移動技術的發展,使得網路更加快速發展,演變成當今的行動網路。有讀者或許經歷過二十多年前去網咖上網的體驗,如今,利用掌上的手機,幾乎人人在使用行動網路,當今的時髦說法是用各種 App,網咖早已成為歷史。

如今的 ICT 技術以及正在全球普及的 5G 網路把行動網路拓展到物聯網的同時,也在推動著物理世界和虛擬世界的結合並存、共同發展。

1.7.2
何謂資訊

也許讀者接著問,到底什麼是資訊,或者資訊是什麼呢?

　　資訊是指聲音訊號、訊息等由通訊系統傳輸和處理的對象，泛指人類社會傳播的一切內容、是物質存在的一種方式、屬性、運動形態，也包括抽象概念，如特性、狀態等。舉個例子：每一個人都應該有父母，那麼其父母就有姓名、血型等，其本人也有姓名，這個原則上是不變的，但是在某些國家裡面，女性結婚後就隨丈夫的姓了，這樣女性的姓名在世界上的某些國家地區裡面是可變的。還有其本人的性別，性別原則上也是一生不會改變的，但是現代醫療水準可以支持變性手術，因此性別也是可變的，只是案例非常少而已。其本人的血型，據筆者所知，應該也是一生不會變的，但是身高、體重、血壓、視力等，這些都是隨著時間的變化而變化的。人還可以做各式各樣的事情，去各個地方等，這些也都可以視為資料。還有一些抽象的概念，例如國家，有其面積、人口數、國旗、國歌、首都所在地、該國的總統或領導人、GDP、人均收入等，這些東西就是資訊，現在也叫數據，電腦可以把這些訊息變成 0 和 1 的排列，就可以輕鬆儲存和處理。

1.7.3
資訊時代指的是什麼時候

　　如果問資訊革命是什麼時候開始的，或許我們自然會想到資訊時代是隨著電腦的誕生而開始的。筆者認為資訊時代

是在個人電腦（PC，Personal Computer）和網路發展普及後開始的，那麼電腦又是什麼時候被發明的呢？世界上的電腦黎明期著名的有美國的 ABC 電腦、英國的巨人電腦（Co-lossus Computer）還有被譽為世界上第一臺電腦的 ENIAC（Electronic Numerical Integrator and Computer，電子數值積分計算機）等。

ABC 電腦是由美國愛荷華州立大學的約翰·阿塔納索夫（John Atanasoff）和克利福德·貝瑞（Clifford Berry）於 1942 年製造的二進位制電腦（Computer），故取名 ABC。

英國的巨人電腦（Colossus Computer）是英軍為了破譯德軍的密碼，於 1943 年開發了世界上第一部數位電子電腦，其第一代 MARK1 使用了 1,500 個真空管，第二代 MARK2 使用了 2,400 個真空管，巨人電腦成功破譯了德軍的密碼，為二戰盟軍打敗納粹德國立下了汗馬功勞，可惜被前英國首相溫斯頓·邱吉爾（Winston Churchill）下令拆毀了。

ENIAC 電腦是 1946 年由美國賓夕法尼亞大學設計的 31 噸重的十進位制電子電腦，可以用組合語言程式設計，堪稱世界上第一臺電腦。

1950 到 1960 年代，電腦繼續發展，歐美、日本也相繼開始了商業上的應用，由於那時候的電腦非常昂貴，只有有錢的行業才能用得起，例如銀行、保險、證券交易所等。

1970 到 1980 年代，隨著日本半導體的崛起，出現了四位處理器和八位處理器。在 1970 年代末、1980 年代初，日本半導體發展得如日中天，美國公司只能看著日本人大把大把賺錢，於是美國政府開始出手一邊打壓日本，一邊扶植美國本土企業，即所謂的日美經濟摩擦、日美半導體摩擦。到了 1990 年代初，日本半導體行業被迫賣給韓國企業，同時以英特爾（Intel）為首的美國半導體行業、電腦行業已經開始壟斷世界，IBM、微軟這樣的美國硬體軟體公司也隨之壟斷全球的電腦市場。筆者認為真正的資訊革命時代應該算是從 1990 年開始的，因為個人用電腦（Personal Computer，PC，中文也叫個人電腦、電腦）的普及，加上微軟公司 Windows 作業系統（Operating System，OS）的出現，特別是 Windows 95 的登場，開始了資訊革命的大潮流。同時在思科（Cisco）、朗訊（Lucent）[001] 等公司的路由器、交換機的連繫下，從美國開始，網路抬頭了，雖然不同國家普及網路的時間相差幾年，乃至十幾年，但是人類也由此進入了網路時代，即資訊革命時代，就是今天我們所處的時代。

因此，筆者把 1990 年到 2020 年的三十年時間稱之為網路時代資訊革命時代。

---

[001] 朗訊公司（Lucent-Technology）是於 1996 年從美國電話電報公司（AT&T）剝離出來成立的，後來被法國阿爾卡特（Alcatel）收購，變成阿爾卡特 —— 朗訊公司（Alcatel-Lucent），在 2015 年阿爾卡特 —— 朗訊又被 Nokia 收購合併。

電腦的頭腦，即晶片（CPU）的發展是在摩爾定律的作用下，以每兩年效能翻一倍的速度在更新換代。

到 2021 年底，超級電腦效能上已經有了翻天覆地的變化，像美國橡樹嶺國家實驗室的「高峰」（Summit）、美國勞倫斯利佛摩國家實驗室的 Sierra、日本的富嶽河等都是非常有名的超級電腦。

這幾年，人類又在研究量了電腦，猜想不遠的將來也會步入量了計算的時代。

1.7.4
電子郵件讓書信變得如此珍貴

筆者於 1995 年在一家擁有 4,000 餘名員工的日本軟體公司上班，當時在美國加利福尼亞大學洛杉磯分校留學的高中同學寄來了一封航空信問我的 Email 地址（電子信箱地址），我向公司主管索要 Email 地址，這位主管不知道，說要去問總部，結果兩天後我被告知：「全公司只有一個 Email 地址，員工沒有個人的 Email 地址。」我寫信告訴美國的同學後，他驚訝地回信說：「在美國每個學生都有 Email 地址，你在軟體公司工作怎麼沒有 Email 啊？」在幾個月後的一次 IT 展覽會上，在看到了 Downsizing、Client-Server 系統等美國公司的技術，我有點劉姥姥進大觀園的感覺 —— 什麼都新奇。

於是我立刻下了決心，決定辭職，終於在 1997 年進入東京某大學後用到了自己的 Email，和美國的同學連繫只需要幾秒鐘就有回信了。

在 1990 年代到本世紀初的 2011 年、2012 年左右，許多人都會用 Email 聯繫，至今還是有許多公司，許多員工在工作上依然以 Email 為主要溝通方式，人們一到公司就會開啟電腦檢視 Email。

現在除了一些書法家以外，人們大概已經很少拿筆寫字，也很少拿筆寫信了，之前人們習慣的寫東西，現在的說法變成了「打字」，也只有在聖誕節或過年之前，人們才會寫明信片、賀卡之類的，不過現在這種情況也是越來越少了，因為人們可以在 Facebook、Instagram、Line 等，應用上面傳訊息、圖片、貼圖、語音訊息等，當然還可以視訊或發紅包。

1.7.5
海獅汽車還是武器嗎

筆者在東京上學的時候在一家軟體公司程式設計式打工，該公司的社長畢業於日本大學電子工程系，能講一口流利的英語，非常喜歡和公司裡面的幾個外國人聊天，有一天他自豪地對我說，他公司有幾部豐田的海獅汽車，那是公司非常有力的武器，因為當程式編好後存放在 3.5 英寸的磁片

中，員工帶上磁片，開上海獅汽車就可以直奔客戶，讓客戶在最短的時間內用上新的系統或者是補丁。我建議他，讓公司和客戶都拉一根 ISDN 的專線後使用 Email 看看，兩個月後他對我說，這個 Email 傳檔案太快了。我說，網路確實比汽車輪子快，但是海獅汽車還是比較舒適的！

1.7.6
低頭族的出現

當七年級生還以為自己年輕的時候，八年級生就出現了，但是現在還能說八年級生很年輕嗎？猜想只能說九年級生年輕吧。是的，歷史的車輪已經進入了 2020 年代，在大多數已開發國家中，除了嬰兒以外，幾乎每一個人都在用手機，尤其是年輕人，有的人走路也低頭看手機，被譽為低頭一族。其實不管是使用什麼品牌的手機，大家每天都可以自由自在地用手機看新聞，影片，亦或使用 Line 之類的 App。我們的溝通交流已經變得如此方便，溝通交流的成本已經變得如此便宜，每個人可以隨時隨地和海內外的親戚、朋友、同事或者網友溝通交流。還有 Line 群組，可以讓幾個人、幾十人或者幾百個人進行交流和分享，也有 Instagram 的限時動態可以讓朋友或追蹤者能看到自己分享的內容，社交軟體更是層出不窮，令人眼花撩亂。就連許多小學生都在天天捧著手機，都知道「網路」

這個詞,確實當下我們就生活在網路時代了。

那麼網路到底是個什麼東西,是怎麼會事呢?

下一章讓我們一起探討一下網路吧。

> 本節小結:在資訊革命時代,人類幾乎已經可以瞬間溝通交流,獲取訊息,訊息的傳播量和速度已經比工業革命時代有量級的上漲。

第 2 章

重溫網路

2.1
網路誕生的歷史背景

2.1.1
二次大戰後的國際關係 ── 美蘇冷戰

在第二次世界大戰結束以後，瓜分柏林後的美國和蘇聯（現在俄羅斯的前身）在全球展開了政治、經濟和軍事的全方位意識形態的競爭和鬥爭。以美國為首的資本主義西方陣營對峙以蘇聯為首的社會主義東方陣營國家，軍事上，西方陣營組建了北大西洋公約組織，東方陣營組建了華沙條約國組織，在頂峰期，美國和蘇聯各有可以毀滅對方多次的上萬枚核武器，時刻瞄準著對方。人們把從二戰結束到 1991 年蘇聯解體的這一段美蘇的爭鬥叫冷戰，之所以叫冷戰是因為沒有熱戰的發生，沒有美蘇之間直接的戰爭發生，發生的大多是美蘇之間的代理戰爭。

2.1.2
美國人的擔憂

古巴導彈危機以後，其實蘇聯的核武器數量大於美國的核武器數量，因此，美國國防部擔心哪一天，蘇聯人發起的第一波核攻擊把美國的指揮中心炸毀，美國豈不連反擊的機會也沒了，那麼採取什麼方法可以保留指揮系統呢？就是把指揮系統分布在幾個不同的地方，即便被蘇聯人炸了一個，那麼在別的地方的指揮系統還照樣可以指揮作戰，問題是如何實現幾個不同地點的指揮系統的溝通聯繫。1969 年還陷在越南戰爭中的美國國防部就把解決分散地點的通訊問題交給了國防高等研究計劃署。

2.1.3
ARPANET：網路的起源

針對上述問題，美國國防部的國防高等研究計劃署開發了 ARPANET（Defense Advanced Research Projects Agency Network），即國防高等研究計劃署網路，如下是 ARPANET 示意圖。

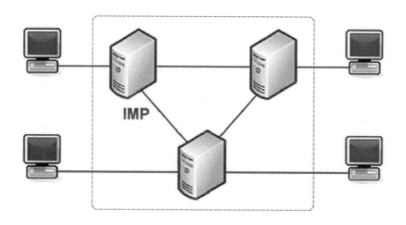

　　如上圖所示，ARPANET 由相當於路由器的 IMP（Inter-face Message Processor）進行封包交換，把加利福尼亞大學聖塔芭芭拉分校（UCSB）、史丹佛大學研究所（SRI）、加利福尼亞大學洛杉磯分校（UCLA）和猶他大學（USU）的四臺 Haneywell516 電腦連線在了一起，用的是美國 BBN 公司開發的 NCP（Network Control Program）軟體，即網路控制程式。

　　之後陸續有更多的電腦接入了 ARPANET，至此除了分出部分網路用於軍事用途（MILNET）之外，ARPANET 也開始向民間開放。ARPANET 的試驗成功奠定了網路的基礎，隨著後續的網際網路協定的開發，特別是 TCP／IP 的成熟，不同的電腦可以接入網路，而 NCP 也於 1983 年全面退場，美國國家科學基金會建立的 NSFNet 也於 1990 年全面取代 ARPANET 成為現在網路的主幹網路。

　　當然也有人認為，美國國防部不是為了忍受核戰爭的攻擊才開始分散地點的通訊問題的研究。但是實際上，網路的一部分受到攻擊癱瘓後，其他的部分依然可以通訊，從結果上解決了分散地點的指揮問題，就像我們現在可以遠端會議、遠端工作一樣，都得益於分散式網路這個模式。

　　不管如何，ARPANET 確實開始了世界上最早的封包傳送實驗，為現代網路通訊打下了基礎。

2.1.4

何謂封包

　　封包（Data packet），顧名思義就是網路的包裹，也就是網路通訊中的數據小包，如下圖所示。我們的訊息，比如說一封信、一張照片、一首歌或者說一部電影，經過數位化之後其實在電腦裡面就是一大堆的 0 和 1 的集合，也有人稱之為數據或數據檔案。電腦要把這一大堆的數據透過網路傳到別的地方，不是一次性全部傳過去的，而是把這一大堆數據分裝成一個一個的小包裹，分別地在網路上傳送，等包裹到了目的地之後，那邊的電腦又把收到的小包裹開啟後取出裡面的數據，重新連線好，於是就將其復原成了一封信（電子郵件）、一張照片、一首歌或一部電影。讀者或許會擔心搞錯順序，把一封信的內容搞亂了。不必擔心，因為網路的協

定設計得很好,每一個小包裹,就是封包上都有標籤,電腦是不會搞亂的。

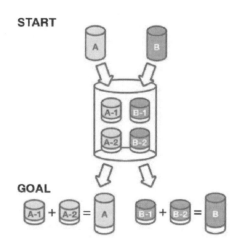

2.1.5
網路中的 WWW 是什麼

WWW 的全稱是 World Wide Web(全球資訊網),有人也叫 Web。許多公司都有 Web Site,就是網站,可以公布公司的許多訊息,供別人來檢視,比如說公司的地址、經營理念、產品系列、業務範圍、連絡方式等。WWW 就是伺服器上的一個服務程式,人們可以透過超文字傳送協定(HTTP)去訪問啟動 WWW 的伺服器,得到回饋訊息,就是我們說的看網站這一舉動。

WWW 的誕生使得公司、政府、組織或個人只要擁有網站就可以自由自在地釋出訊息和新聞,不必特別依賴成本高昂的報紙和電視的訊息釋出。

WWW 最早是歐洲核子研究組織(European Organization for Nuclear Research,CERN)的物理學家為了方便在網路上進行論文交流而發明的。CERN 位於瑞士日內瓦近郊,是世界上最大的粒子物理研究所,擁有的 LHC(Large Hadron Collidor)是能量極高的強子對撞機,在 2008 年實際運用之前,有一些科學家曾擔心,CERN 的 LHC 試驗會不會產生微型黑洞,把地球囫圇吞棗地給吞進黑洞去,CERN 的物理學家在 TCP/IP 設計中也有巨大貢獻。

本節小結:美國的 ARPANET 的試驗促使了網路的誕生。

2.2
數位世界是何物

2.2.1
類比和數位的差異

簡單地說，類比訊號是連續的，而數位訊號是離散的，如下圖所示。

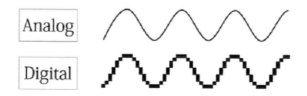

類比訊號是指隨時間連續變化的物理量的表徵，例如我們人類在說話的時候，就是連續不斷地透過器官、嘴巴、舌頭的鼓動和形狀變化發出各式各樣的聲波，即一種空氣振動，使得別的聽眾透過耳朵的鼓膜接收到這種連續的振動而聽到聲音。

數位訊號則是透過對類比訊號進行取樣（Sampling）而獲得的離散的數位特徵，用於近似地來表達類比訊號。如果

進行細微地取樣的話，數位訊號也可以非常精確地表達類比訊號。以我們的身高舉個例子來說，正常成人的身高應該為 1～3 公尺，如果以 1 公尺的尺度來取樣的話，考慮四捨五入，人的身高應該是 1 或 2，也就是 1 公尺或 2 公尺，這顯然太粗糙了。如果用 0.1 公尺的尺度來取樣的話，我們的身高就應該會在 1.0～2.9 公尺，但是如果用 0.01 公尺的尺度來取樣的話，那麼我們的身高就應該會在 1.00～2.99 公尺了，如果以 0.001 公尺的尺度來取樣的話，那麼就和我們去醫院體檢時的身高測量數據一樣了。許多女模特兒的身高猜想就會過 1.70 公尺了，而姚明的身高大概是 2.29 公尺。也就是說，醫生是用 0.01 公尺的尺度去取樣的。

2.2.2
數位世界的好處

　　類比訊號本身就是現實世界的物理表徵，擁有精確的解析度，理論上來說有無限的解析度，前提是取樣足夠細微。類比訊號有一些優點，比如喜歡音樂的一些專業行家，他們耳朵的鼓膜太厲害了，數位的音樂對於行家的鼓膜來說實在是太粗糙了，搞不好會磨破他們的鼓膜。當然類比訊號也有許多缺點，例如容易受到干擾，複製的時候容易失真等，比如，筆者小時候喜歡聽鄧麗君的錄音帶，錄音帶複製的次數

多了，就會感覺到不清楚，或者有雜音等。

數位訊號就有許多優點了，比如說抗干擾的能力強，鄧麗君的 MP3 歌曲無論複製多少次，音質都是一模一樣的，永遠不會變質（複製的時候要注意版權保護）。

數位訊號最大的好處就是可以利用電腦來處理，由於數位訊號可以用 0 和 1 來表示，電腦又是處理 0 和 1 的一把好手，因此電腦處理數位訊號很合適，用電腦來處理各式各樣的訊息的時代就叫資訊革命時代。我們現在正在享受數位世界、資訊革命時代帶給我們的種種便利，例如我們的 MP3 歌曲、DVD、高畫質電視、4K 電影等都是數位世界的傑出代表。數位訊號的保持十分方便，傳輸的時候可以對之加密和進行糾錯處理，這樣可以極大地增加保密性和可靠性等。

由此看出，對於訊號處理來說，其實數位訊號比類比訊號更加高效。

生活在三維現實空間的我們，幾乎每天都花費不少時間，透過手機或電腦在數位世界中遨遊。

2.2.3
從專用到共享

還是從筆者從事的通訊行業看問題吧。不知道大家有沒有聽過長途電話呢？或許你會說，電話就是電話，哪來什麼

長途短途之分啊？舉個例了，如果你從臺北市用家裡的座機打一個電話去彰化縣的 12345678 電話號碼的話，只需動動你的小手指，應該是這樣撥號的：04，再加上 12345678。其中，04 代表彰化縣的區號，後面的 12345678 就是彰化縣當地的電話號碼，這樣你就可以接通住在彰化朋友家的電話了。如此簡單的動作能夠打得通電話，主要是我們用的已經是程控交換機的緣故。那麼在模擬電話的時代，是如何打長途電話呢？那個時候你需要呼叫接線員，請求接線員幫你接通外縣市的電話，許多時候如果該區段長途線擁擠占線的話，接線員會讓你等待，等候長途線空閒，方能給你接通。碰到前面的人長時間講話的話，要接通一個長途電話，需要等上半個小時、一個小時也是很正常的事情。

我們再來看看數位通訊的方式，同時可以有幾路訊號可以通訊，程控交換機會自動把各自的聲音進行數位化傳給對方。數位化實現了資源由專用到共享的轉變，這大大提高了資源的使用率，而且聲音清晰，品質優秀，這些都是數位訊號的特點。

直至今日，我們也常聽到類似數位經濟、數位化轉型等帶數位的概念，聽起來都很「高大尚」，其理由就是數位化可以給我們帶來高效率。

與數位訊號關聯緊密的就是 IT / ICT 的發展，正是這些

技術的進步，使網路得以蓬勃發展，也許可以倒過來說，正是由於網路的發展，促使了 IT/ICT 的快速發展。下面再看看世界各國網路的發展情況。

> 本節小結：數位比類比更高效。

2.3
網路的蓬勃發展

2.3.1
網路的特點催生其蓬勃發展

根據 2007 年在加拿大多倫多舉行的網路大會上的共識，認為網路有如下特徵：

- ♩ 全球性。
- ♩ 透明性。
- ♩ 多樣性。
- ♩ 自由匿名性。
- ♩ 公正性。
- ♩ 公共性。
- ♩ 機會性。

正是由於這些特點，還有近十多年來在網路上的資訊交流，溝通的成本變得非常廉價，這使得越來越多的人們喜歡

用網路，越來越依賴網路，越來越離不開網路。例如，你去飯店吃飯前，上網查一下評價就可以知道這家飯店的大概情況；如果你住在臺北市，想了解桃園市的二手房情況，你可以透過購屋網詢問賣家或房仲，比你直接去桃園要方便多了。

當然網路也秉承了 ARPANET 當初的自律性的設計理念，即使一部分崩潰，別的部分可以繼續工作，使得網路變成了非常堅韌、牢靠的溝通交流平臺，這得益於網路中由人類發明的路由協定，即路由功能使得網路上的封包可以由不同的路徑傳送到目的地，所以你收到的電子郵件，其上一句話和下一句話可能是透過不同的路徑傳過來的，其封包真可謂殊途同歸。

同時網路也在進步，例如，隨著世界上越來越多的電腦接入網路，IP 地址變得枯竭，於是智慧的人類把網路的協定從 IPv4 開始往 IPv6 演進，如果網際網路協定完全移植到 IPv6 的話，人類就不用擔心 IP 地址不夠了。IPv4 英文是 Internet Protocol Version 4，翻譯成中文是網際網路協定版本四。如果想知道 IPv4 和 IPv6 的差別，我想聰明的讀者只需問一下「張昭」或「周瑜」即可。[002]

---

[002] 三國演義中，吳王母親看到吳王猶豫不決，說：先帝留下一句話，內事不決問張昭，外事不決問周瑜。

2.3.2

網路的誕生地 —— 美國

　　網路誕生於美國，早期發展於美國，美國對網路發展有著當之無愧的貢獻，可以說美國開始了網路的黃金時代，同時美國也享受了網路時代的豐碩果實。1980 年代末、1990 年代初網路開始在美國蓬勃發展，一種基於全新的網路技術的溝通交流平臺在美國率先誕生，同時美國免費的當地電話使得美國人可以自由自在地撥號上網，平臺的領先產生了諸多的創新，各種應用以及相關的產業也率先在美國相繼被發明創造，引領了資訊革命的時代（筆者把 1990 年到 2020 年稱為網路時代）。從軟體的微軟，數據庫的甲骨文，晶片的英特爾（Intel）、高通（Qualcomm）、博通（Broadcom）、德州儀器（Texas Instruments）等到應用的亞馬遜（Amazon）、Facebook、X（前 Twitter）等網路時代的世界性的獨角獸大企業大多創業在美國，而加州的矽谷就是網路時代的高科技代名詞。我們常說的 GAFA（Google、Amazon、Facebook、Apple）均為 1980、1990 年代創業而且是一代致富的網路時代的高科技企業，這四家公司的股價合計超過了世界上大多數國家的 GDP。

2.3.3
網路發展中歐洲的貢獻

歐洲在網路的發展中有著不可磨滅的貢獻。

1984 年，歐洲核子研究組織 CERN 就已經把研究所內部的大型機、工作站（WorkStation）、微型電腦等聯成了網路，取名 CERNET，並於 1989 年用 TCPIP 和外部電腦網路聯通，成為網路在歐洲的主要節點。

筆者認為歐洲對於網路的最大的貢獻應該是 WWW 的發明，正是由於 WWW 的誕生，使得我們現在可以在網路中非常方便地釋出訊息，並自由自在地訪問網站獲取訊息。

1991 年 8 月 6 日，世界上第一個網站 info.cern.ch 就是由歐洲核子研究組織 CERN 的專家設立的。

2.3.4
日本的網路事件

日本於 1984 年開始組建日本大學網路 JUNET（Japan University NETwork），並於 1989 年聯入美國國家科學基金會網路 NSFNET 後併入網路，可以說日本在亞洲是比較早建設網路的。

日本的電話不是免費的，應該說是比較昂貴的，大概每三分鐘需要 10 美分。1990 年代上網需要一個數據機 MODEM，

在日本上網會產生高昂的電話費，筆者認為這種高昂的本地電話費阻礙了日本普通大眾的上網衝浪，而日本其實是世界上最早（1988 年）開始使用 ISDN（64kb/s，最大 128kb/s，月租費用大約 200 美元）服務的國家，只是由於價格昂貴，未能普及，諸如此般使得日本在網路時代即使技術領先，但未能盡早普及。這就是使得日本的一些軟體公司在 1990 年代中後期還以為海獅汽車是運載修補程式最有力的武器的緣故。

直到 2000 年，以「用資訊科技來使人們活得幸福」為宗旨的孫正義開始了日本軟銀 ADSL（Asymmetric Digital Subscribe Line，非對稱數位加人線，是利用電話銅線來做數據傳輸的技術，是有線通訊技術的一種類型。）網的鋪設，並於 2001 年開始向日本民眾提供最大速率 8Mb/s 可無限量使用數據，而且月租只有 19 美元的 ADSL 服務，取名 Yahoo!BB。如此高的速率和如此便宜的月租使得 Yahoo!BB 的使用者數量在二三年內迅速成長到了 500 萬以上，隨之其他的營運商也開始降價，日本普通民眾在 2005 年前後基本上可以自由使用網路了，而這比美國人晚了差不多十年的時間。

筆者認為正是由於日本沒有及時趕上技術革命的網路時代的步伐，使得 1980 年代末如日中天的日本沒能在網路時代產生世界級別的獨角獸企業，日本媒體從 2000 年開始將其稱為日本經濟失去的十年，到 2010 年說失去的二十年，在 2020

年又有媒體在說失去的三十年。當然也不排除美國於 1980 年代末、1990 年代初由於日本的對美巨大貿易順差發動的日美半導體摩擦，打壓日本，逼迫日本簽定廣場協定等因素。

2.3.5
成熟的網路時代

到目前為止網路已經發展到了成熟的階段，人類的生活可以說基本上已經離不開網路了，就像離不開水、空氣、米飯和麵包一樣。同時也產生了網路經濟，各類網紅、YouTuber 等也在最近幾年內相繼出現。

前幾年新冠病毒在世界上流行，也正是由於網路，使得許多公司可以進行遠端會議、遠端辦公，遠端也成了新冠時代的新常態。網路上購物也是越來越多人選擇的購物方式，網路平臺活動日一天的銷售額都可以達到上億新臺幣，亞馬遜的創始人是世界首富，這些都是網路時代成熟的產物，連上一屆美國總統唐納·川普（Donald Trump）也採用 X（前 Twitter）治國，幾乎每天都要上傳很多則 X（前 Twitter）訊息，把他要訴說的內容傳播給大眾。

方便的網路同時也展現了另外一面，那就是訊息的泛濫，假訊息多如牛毛。如何在訊息氾濫的網路中獲取自己所需要的真正的訊息，如何辨別真假訊息等有時候或許會令人很頭痛。

2.4
二十一世紀的網路的重要技術：
從有線通訊到無線通訊

2.4.1
一個地球，兩個世界

　　1961 年 4 月 12 日，人類第一位太空人尤里‧加加林（Yuriy Gagarin）於莫斯科時間上午 9 點 7 分，乘坐蘇聯「東方一號」宇宙飛船在離地面 300 公里上空繞地球一週，歷時 1 小時 48 分鐘，實現了人類進入太空的願望。據說加加林在俯瞰地球時說了這麼一句話：「多麼美啊！我看見了陸地、森林、海洋和雲彩。」。

　　然而，隨著人類科技的進步，網路的成熟，當今的地球可以說已經有了兩個不同的世界：作為生活空間的現實世界和網路空間的虛擬世界。

　　我們可以看得到，摸得著現實世界，卻看不到，摸不到由人類睿智創造的虛擬世界，然而虛擬世界卻實實在在地存在於我們的生活中。

當今的網路已經開始向物聯網擴展，二十一世紀的人類既生活在現實世界中，也生活在虛擬世界中，或者說我們人類已經穿梭在這兩個世界中。

2.4.2
難捨難分的孿生兄弟 —— 網路與通訊技術

虛擬世界的誕生、發展、成熟依靠的是現代通訊技術。

網路時代初期主要依賴有線通訊技術，「網路線」這個詞想必很多讀者聽說過，顧名思義就是連上網路用的線。

其實在無線網路普及之前，大家都需要一個網路線連上電腦才能上網，網路線的另一頭連著 Hub 或交換機、路由器之類的網路裝置。當然網路上的主要節點的電腦、路由器均由有線方式相連線，一般是光纖或是銅線等。

大家在家裡用電腦或者手機上網其實是網路的端末場景。而最近幾年，隨著營運商無線訊號的覆蓋，以及 FTTH（Fiber To The Home，光纖到戶）的普及而使室內 Wi-Fi 隨處可聯，人們漸漸地淡化了上網需要網路線的概念。有的讀者或許真的沒有見過上面這張圖中的網路線，因為他們一開始就用手機上網，確實筆者也沒有見過連著網路線的手機。

有線聯網和無線聯網存在一個本質的不同，那就是位置的固定與否。有線聯網的電腦一般就固定在某個地方，不能

像手機那樣，到處移動，所以手機在通訊行業裡面也叫移動終端，英文為 Mobile Terminal 或者 Mobile Phone。

現在的筆記型電腦其實既可以連有線，也可以連無線，也是大家工作中常用的工具。通訊技術是指用有線或無線來對數位訊息進行儲存、加工、傳輸、閱覽等操作的技術，網路正是在通訊技術發展的基礎上日益壯大，發展成為並列於現實世界的虛擬世界。

通訊是技術，而網路是一種架構，一個虛擬狀態下的數位化世界，二者互相作用，互相促進。人類的智慧也在發展通訊技術的同時，充實著網路，壯大著網路。

有的讀者也許會問，有線網路比較好理解，無線如何連上網路呢？看不見摸不到的無線如何傳輸訊息呢？無線是靠什麼來通訊的呢？

其實無線是靠電波這個載體來傳輸訊息的，下一章，我們看看有關電波的事情。

> 本節小結：通訊技術的發展促進了網路的壯大。

第3章

電波與無線通訊
——問電波為何物，直叫通訊人身心相許！

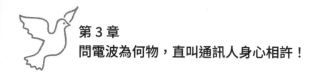

3.1
問電磁波為何物

3.1.1
磁場的發現

人類生活的地球上存在著磁場。早在戰國時期中國就發明了指南針，也是中國四大發明之一，當時的指南針叫「司南」，意為指向南方。

而在西元 1820 年丹麥物理學家漢斯‧奧斯特（Hans Ørsted）在上課的時候，無意間讓通電的導線靠近指南針，發現指南針發生了方向偏移，說明附近有磁場，如下圖所示。

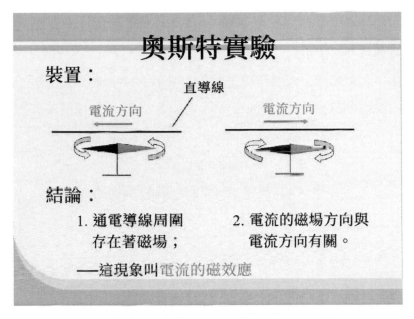

不知大家還記不記得國中物理老師講的右手定律：大拇指代表電流方向，其餘四個手指就是磁場的方向，如下圖所示。

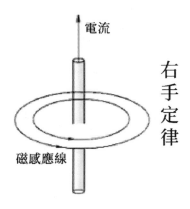

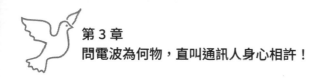

3.1.2
庫侖定律的解釋

大家知道帶電的電荷之間相互有作用力，其作用力的公式叫庫侖定律（Coulomb's law），有點類似於牛頓的萬有引力公式，如下圖所示。

庫侖定律

1. 庫侖定律的內容：靜止點電荷相互作用力的規律
2. 公式表示：

$$F = k \frac{q_1 q_2}{r^2}$$

3. 應用範圍：
   (1) 點電荷：理想化模型
   (2) 真空
4. 注意點：
   (1) 符合牛頓第三運動定律
   (2) 庫侖力的運算與一般力相同

那麼，為什麼電荷之間會產生作用力呢？這個問題其實困惑了十八世紀不少歐洲的科學家。十九世紀初期英國物理學家麥可·法拉第（Michael Faraday）認為電荷周圍會產生一種電場，透過電場作用了別的電荷，相反亦然。

其實當時的科學家也無法解釋到底為什麼蘋果和地球之間會有重力作用，直到二十世紀初期德國物理學家愛因斯坦的相對論解釋了重力場是時空彎曲的表徵後，科學家才對重力有了新的了解。

法拉第在得知電流可以產生磁場後發現了磁場可以產生

電場，於是法拉第發明了發電機。發電機的誕生叫以說照亮了千家萬戶，使得人類在黑夜中有了光明。

法拉第的數學功底不是太深，因為他沒有受過正規的高等教育。這時候又有一位精通數學的物理學偉人出現了，他就是馬克士威。

3.1.3
馬克士威的預言

馬克士威用數學公式表達了法拉第等前輩關於電場、磁場的觀點和理論，即被譽為世界上最優美的物理學公式之一的馬克士威方程組（Maxwell's equations），如下圖所示。

馬克士威方程組

$$\oiint D \bullet \mathrm{d}S = q_0$$

$$\oint E \bullet \mathrm{d}l = -\iint \frac{\partial B}{\partial t} \bullet \mathrm{d}S$$

$$\oiint B \bullet \mathrm{d}S = 0$$

$$\oint H \bullet \mathrm{d}l = I_0 + \iint \frac{\partial D}{\partial t} \bullet \mathrm{d}S$$

也許大家已經把老師教的高等物理收拾好放在記憶的角落了，一時想不起來這些方程式的含義，不過沒有關係，馬克士威方程組講的就是電場的性質、變化的電場和磁場的關係、磁場的性質、以及變化的磁場和電場的關係。

第 3 章
問電波為何物，直叫通訊人身心相許！

不過，馬克士威的偉大之處不光在於他那些優美的公式，他同時預言了一種叫作電磁波的東西的存在，即變化著的電場產生變化的磁場，變化的磁場又產生電場，在真空中以 30 萬 km/s 的速度即光速傳播的電磁波，如下圖所示。

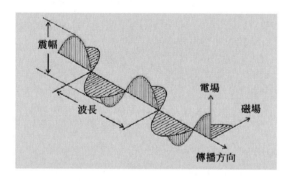

同時馬克士威也是一個有情有義的人，他用這樣的詩表達了對妻子的愛：

你和我將長相廝守
在生機盎然的春潮裡，
我的神靈已經
穿越如此廣闊的寰宇？
我這就將我的整個生命
匯入這生機盎然的春潮，
將真正使三個自我
穿越這世界的廣袤。

就像他預言的電場、磁場一樣，沿著前進方向三個自我（磁場、電場和傳播方向）一起穿越這廣袤的世界！

只可惜馬克士威英年早逝，四十八歲就離開了人世，沒能親自證明自己預言的電磁波的存在。

3.1.4
電磁波的發現

馬克士威預言的電磁波到底是什麼呢？雖然看不見摸不到，但是智人的後裔還是發現了它！

如下圖，西元 1888 年，德國物理學家海因里希·赫茲（Heinrich Hertz）做了一個電磁波發射器和接收器的實驗，當接收器的兩個小球之間閃出了電火花的時候，馬克士威預言的電磁波被證實了。接著赫茲精確地測出了電磁波的速度就是光速，徹底證明了馬克士威方程組的正確。

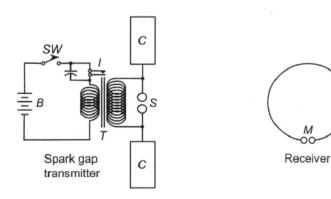

Spark gap transmitter

Receiver

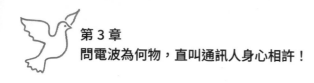

由赫茲證實的馬克士威理論也對光做了解釋：光其實就是一種電磁波。

在馬克士威理論的基礎上，隨著後續愛因斯坦等偉大科學家的努力，人類開始了對太陽系和宇宙的嶄新認識和探索。

馬克士威理論也奠定了現代無線通訊的理論基礎，對於現在的人類如此方便地透過掌中手機溝通方式的確立可謂是功臣元老。

如果有讀者有志繼續去研究電磁波的話，那自然是通訊行業的幸事。

本節小結：科學革命的興起發現了電磁波 —— 這個看不見摸不到的存在。

3.2
電磁波的種類

3.2.1
電磁波可以傳播能量

就像赫茲的實驗一樣，電磁波可以傳播能量。我們在家裡收聽的廣播，看到的電視，大多也是收音機、電視機接收到電臺、電視臺發射出來的電磁波後解耦出來的裡面的內容，才使得我們能聽到電臺的聲音，看到電視的內容。電臺、電視臺的發射塔往往會放在很高的塔上方，使其能量能夠透過電磁波傳到更遠的地方，覆蓋更廣的範圍。

3.2.2
各種頻率的電磁波

電磁波的頻率和波長遵循這樣的規律：頻率 × 波長＝ c（光速）。

頻率的單位是赫茲（Hz）即每秒多少次的意思，也是以電磁波發現者德國物理學家赫茲的名字來命名的。

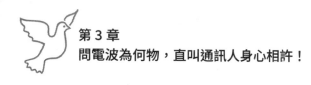

波長的單位就是長度的單位，例如公尺、公分、毫米等。

頻率 × 波長就是電磁波的速度，電磁波的速度就是恆定的 30 萬 km／s。

根據頻率的不同（亦或波長的不同），人們把電磁波抽成多個種類，如下圖所示。

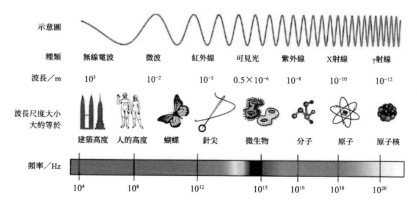

人們習慣上根據電磁波的波長的長短，將其大致分為無線電波、微波、紅外線、可見光、紫外線、X 射線、γ 射線。

3.2.3
各種電磁波的特性

電磁波均具有反射、直射、折射、穿透、衍射和散射等特性，根據波長不同，以上的這些特性表現出不同的特徵強

度。整體說來，隨著波長變短，在可見光以後，電磁波會呈現越來越多的粒子性特徵，而波長比較長的電磁波則主要表現為波的特徵。

下面依次簡要地按照波長由短到長介紹各類電磁波的特徵。

（1）γ射線

我們把波長為 10^{-12}m 左右或者更短的電磁波稱為 γ 射線，如下圖所示。γ 射線具有很強的穿透能力，能量也比較大，對我們人體的細胞（基因）具有很強的破壞力。γ 射線是由原子核內部發出的能量，一般發生在放射性物質衰變過程中，核試驗時在核反應堆中伴隨輻射產生，在現代醫學中也有 γ 刀作為切割人體部位的手術工具。

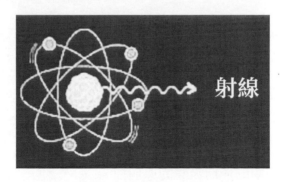

（2）X 射線

我們把波長為 10^{-10}m 左右的電磁波稱為 X 射線（簡稱 X 光，X 射線是由德國物理學家威廉·倫琴（Wilhelm Röntgen）所發現的，故也叫倫琴射線），如下圖所示。X 射線是原子中圍繞原子核旋轉的電子從高能級跳到低能級時所放出的輻射能量（根據原子種類和電子能級的不同，X 射線波長可能最長可以達到紫外領域，短的達到 γ 射線範圍）。

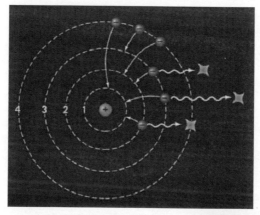

　　現在很多醫院裡面都有 X 光裝置，如果得了新冠肺炎或肺部出現了異常，或者骨折了，醫生就可以拍一張 X 光的照片來進行診斷。這主要是利用了 X 射線的穿透特性，以及人體組織的差別吸收的原理拍出了人體內部的照片。讀者應該看到過類似右面的圖片，其為筆者的 X 射線診斷照片。

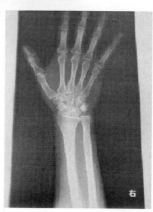

（3）紫外線

我們把波長為 10^{-8}m 左右的電磁波稱為紫外線。紫外線有殺菌的功效，可以促進人體合成維生素 D，但是人體不能照射太多的紫外線。

（4）可見光

我們把波長為 5×10^{-6}m 左右的，位於紫外和紅外之間電磁波稱為可見光。人類對可見光是最熟悉的 —— 我們可以看這五彩繽紛的世界，利用的就是我們眼睛的視網膜對可見光成像的進化機制。

（5）紅外線

我們把波長為 10^{-5}m 左右的電磁波稱為紅外線。利用紅外線測體溫的儀器在最近幾年比較流行，主要是利用了有溫度的物體會發出與其固有溫度相關聯的紅外輻射的原理。紅外線在軍事、工業等多種領域有著廣泛的運用。

（6）微波

我們把波長為 1mm ～ 1m 之間的電磁波稱為微波，是分米波、公分波、毫米波的籠統叫法。大家比較熟悉的微波爐，就是利用了微波這種電磁波在高頻振盪的電磁場作用下，使得食物裡面的水分子振動而發熱的原理，通俗的比喻

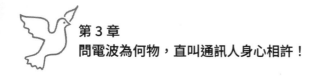

可以說成在微波作用下食物內部的水分子摩擦而發熱。微波爐一般利用 2.45GHz 的微波振盪。

（7）無線電波

我們把波長為 1mm 以上（頻率在 300GHz 以下）的電磁波稱為無線電波，本書後續簡稱為電波。也有的國家把波長為 0.1mm 以上（頻率在 3,000GHz 以下）的電磁波定義為無線電波。這就是我們現代無線通訊用的電磁波了。

> 本節小結：現實中有各式各樣的電磁波存在。

3.3
用於無線通訊的電磁波：（無線）電波

　　嚴格意義上來說，電報等也屬於無線通訊。貝爾發明的電話使得人類由文字信函溝通方式進化到了語音溝通方式，但是那時的電話是固定的，實際上是透過電話線來進行的語音互動。固話不能安裝在汽車和火車裡，那麼，如何利用固定住電話的這根電話線去實現自由自在的行動電話通訊呢？本書下面講述利用無線來做語音通訊的技術和其網路，也就是我們俗稱的手機網路。

3.3.1
無線通訊電波種類

　　通訊用的無線電波按照電磁波的頻率（亦或波長）來分，有許多種類，如下表所示。

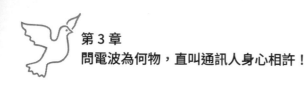

第 3 章
問電波為何物，直叫通訊人身心相許！

無線電波的頻率（波段）化分與應用

頻率範圍	波長範圍	符號	頻段	波段	用途
3Hz～30kHz	10^8～10^4m	VLF	特低頻	長波	音頻、電話、數據終端、極長距離點與點間之通訊
30～300kHz	10^4～10^3m	LF	低頻	長波	導航、信標、電力線通訊
300kHz～3MHz	10^3～10^2m	MF	中頻	中波	調幅廣播、行動電話、業餘無線電
3～30MHz	10^2～10m	HF	高頻	短波	行動電話、短波廣播、定點軍用通訊
30～300MHz	10～1m	VHF	特高頻	米波	電視、調頻廣播、空中管制車輛通行、導航
300MHz～3GHz	100～10cm	UHF	超高頻	分米波	電視、空間遙控、雷達導航、點對點通訊、行動通訊
3～30GHz	10～1cm	SHF	極高頻	釐米波	微波接力、衛星和空間通訊、雷達
30～300GHz	10～1mm	EHF	至高頻	毫米波	雷達、微波接力、無線電天文學

　　許多讀者在家裡的電視機上可能看到過 VHF 的字樣，VHF 的全稱是 Very High Frequency，即非常高的頻率——特高頻，也可能看到過 UHF 的字樣，那就是 Ultra High Frequency，即超高頻的意思。也有讀者在聽收音機的時候聽到電臺會說「這裡是 600 千赫中頻廣播」之類的，那就是 MF（Middle Frequency），即中頻的意思。

3.3.2
無線通訊電波的傳播特性

　　電波就是電磁波，就其本身性質而言具有波粒二重性，高頻率的電波表現出粒子性質比較多，比如直線傳播、反射、折射。低頻率的電波表現出波的性質多一些，比如繞射等。當然，干擾是都存在的現象。無線通訊營運商在設計和建網架設基地臺（Base Station）的時候，就需要充分考慮電波所在的頻率特徵，以便使使用者獲得最佳體驗。

3.3.3
腦波是電磁波嗎

　　聰明的讀者也許會問，和我們自身關係密切的腦波是不是電磁波呢？腦波是動物的生物電現象之一。由於我們的身體帶有微弱的電流，大腦的活動也會有微弱的波，大概有幾

種波：1 ～ 3Hz 的 δ 波，4 ～ 7Hz 的 θ 波，8 ～ 13Hz 的 α 波，
14 ～ 30Hz 的 β 波。所以從電磁波的定義來說，腦波應該算
是電磁波，只不過腦波非常微弱，目前的科技還無法精確地
測量。筆者認為，腦波也是未來人類科技大有可為的領域。

本節小結：電波相當於無線通訊營運商的土地資源。

3.4
世界主要國家的民用無線通訊發展歷程

3.4.1
快速成長的日本經濟誕生了世界上第一張無線通訊網

　　朝鮮戰爭的爆發，給近水樓臺的日本創造了大量的工作，日本也漸漸擺脫了二戰之後一無所有的困境，開始進入其經濟復興階段，進入 1970 年代後，日本經濟基本上已經羽翼豐滿，實現了快速成長。1979 年 12 月 3 日，日本電報電話公司 NTT（Nippon Telegraph and Telephone corporation）在 800MHz（710 ～ 960MHz）頻譜上正式啟用全球第一張汽車無線通訊網使用證，當時使用該無線網除了需要繳納 2,000 美元的保證金以外，每月還需要繳納 300 美元的月租費，同時還需要額外繳納 1 美元 /min 的通話費用，加上電話機重量達 1、2kg，需要安裝在汽車裡面（不知道汽車裡面的安裝費用是多少），故只有一些公司的高級管理者才能用得起這種電話。

　　無線通訊在軍用、警察、消防等領域其實早就開始應用了，這些內容本書不予介紹，還請諒解。

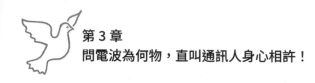

第 3 章
問電波為何物,直叫通訊人身心相許!

　　緊隨日本,歐美等國相繼在 1980 年以後開始了無線通訊服務,隨著半導體、電子技術的進步,行動電話也越來越小,漸漸地發展到了人們可以隨身攜帶的重量,開始了 1G 的通訊時代。那時候有許多制式,例如:

- ♩ JTAGS:日本行動電話系統。
- ♩ NMT:北歐國家、東歐以及俄羅斯行動電話系統。
- ♩ AMPS:美國等 72 個國家(地區)採用的行動電話系統。
- ♩ TACS:英國等 30 個國家(地區)採用(包括中國)的行動電話系統。
- ♩ C-Netz:西德行動電話系統。
- ♩ Radiocom 2000:法國行動電話系統。
- ♩ RTMI:義大利行動電話系統。

　　以上是 1G 時代的類比訊號電話的制式,這麼多的標準,山頭林立,互不相容。

　　在進入 1990 年代後,日美歐相繼開始使用第二代無線通訊商業網路即 2G。2G 時代翻開了數位化無線通訊的新篇章,GSM 是 2G 時代的主要通訊制式。行動電話變得輕量化、小型化,基本上可以到 100g 的重量級別,使得人們可以像攜帶錢包一樣隨身攜帶電話,同時 PHS(個人手持式電話系統)、BB 機(呼叫器)也相繼出現。那個年代,日本的手機非常

小巧玲瓏，故日本人通常把行動電話，即手機叫作攜帶電話（Keitai Denwa）。其實，2G 時代也有許多制式，例如：

⫶ GSM：基於 TDMA，源於歐洲，已全球化。

⫶ IDEN：基於 TDMA，美國電信系統商 Nextell 使用。

⫶ IS-136（D-AMPS）：基於 TDMA，源於美國。

⫶ IS-95（CDMA One）：基於 CDMA，源於美國。

⫶ PDC：基於 TDMA，僅在日本普及。

或許有的讀者對於北歐廠商 Nokia 的 GSM 手機還有印象。

與 1G 的本質區別是，2G 實現了無線通訊技術從模擬到數位化的突破。當然 2G 的音質已經有別於 1G 的類比訊號，那就是沒有雜音的清晰。

在進入二十一世紀後，日本 NTT Docomo（從 NTT 分離出來的無線移動營運商）於 2001 年開始啟用 WCDMA 制式的世界上首例 3G 無線通訊服務。WCDMA、CDMA2000 是 3G 無線通訊的制式。手機上網也是從這時候開始出現，只是上網速度比較慢，況且當時的網站（WWW 網站）支持手機訪問的不多，3G 時代的手機上網體驗實在不可恭維。

3G 時代使用的無線頻譜波段也越來越多，感興趣的讀者可以調查一下各國的頻譜波段。3G 的制式有：

⫶ CDMA2000：高通為主導，日韓北美採用。

⫶ WCDMA：主要以 GSM 系統為主的歐洲廠商採用。

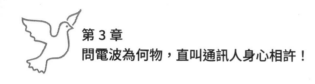

3.4.2

EVDO 啟蒙了 3G 數據通訊的夢想之白貓黑貓理論

3G 時代之前行動通訊的主要作用是通話，隨著 3G 的普及，開始可以做一些數據通訊，人們熱衷於如何把聲音和數據在規格上進行統一。EVDO 是 CDMA2000 裡面的專注於數據通訊的技術規格，是 EVolution Data Only 或者 EVolution Data Optimized 的簡稱。這裡介紹一下當時關於 EVDO 的命名的對話：

美國高通會長厄文·雅各布（Irwin Jacobs）說：「EVolution Data Only 這個命名不好，聽起來好像只能做數據（data），還是應該叫 EVolution Data Optimized，比較高大上。」

高通公司高級副社長松本徹三：「不不不，應該叫 Evolution Data Only 比較好，專注於數據通訊，就是專注（Only）才顯得專業，與眾不同，反而比較牛。」

厄文·雅各布：「那聲音怎麼辦呢？」

松本徹三：「在 EVolution Data Only 邊上加一塊聲音模組即可，未來數據通訊會越來越流行。」

這就是關於 EVDO 兩種簡稱的由來的真實對話。

松本徹三先生風趣地把 EVDO 比喻成白貓黑貓理論：

EVDO：聲音不能太快，也不能太慢，人的耳朵不能聽 10 倍速度的聲音，和聲音不同，EVDO 可以讓數據盡情地傳

輸，在手機裡面做些快取即可。

白貓黑貓：與其大家一樣貧窮，還不如允許有能力的人先富起來，之後再去幫助別人。先富起來的人可以把賺來的錢存放在銀行裡。

大約兩年之後在 WCDMA 上也出現了 HSPA（High Speed Packet Access）的技術，號稱 3.5G，推動著 3G 時代的數據通訊發展。

孫正義也把松本徹三先生請到了軟銀集團擔任最高策略顧問。

筆者認為，EVDO 啟蒙了行動通訊的數據流量的夢想，為後續各種行動通訊高速率的技術演進打下了基礎，也是行動通訊應用從聲音走向數據的分水嶺。

在 2009 年 12 月，北歐的 Telia 開始了號稱 LTE 的 4G 商用，被譽為世界上首次的 4G 商業服務。隨後，日本、美國、歐洲等其他國家相繼開始了 4G 網路商用。2012 年日本的軟銀開始了世界上首個 TDD-LTE（Time Division Duplex- Long Term Evolution）的 4G 商用網路服務，是世界上第一個 4G TDD-LTE 商用網的建設。

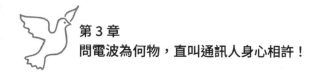
3.5

生活中離不開的手機

3.5.1
手機是什麼

和家裡的有線電話不同，手機被我們叫作行動電話或無線電話，日本人將其叫作攜帶電話，英文是 Mobile Phone。簡單地說，手機就是一種可以接收和發射特定的無線電波的，在移動過程中依然可以通訊的行動式電話終端裝置。

3.5.2
手機種類

手機大致可以分為功能手機和智慧型手機兩大類。

功能手機是一種比較低端的手機，原則上只能接打電話，只能使用生產廠家固化的一些應用程式，使用者不能自己安裝喜歡的程式等，是一種封閉的終端裝置。

智慧型手機其實相當於一臺高效能的小型掌中電腦，帶有作業系統，除了基本的接打電話等功能以外，使用者還可

以自己下載安裝喜歡的應用程式。現在大多數人都用上了智慧型手機，可以接打電話、上網、打遊戲、傳訊息等。

目前大部分使用者用的應該是智慧型手機了，智慧型手機從作業系統上，大致分為兩大類，即蘋果的 iOS 作業系統和安卓作業系統（Android OS）。

蘋果的 iOS 系統只能用在蘋果手機上，不對外開放，屬於一個完全封閉的系統。

安卓作業系統是由 Google 公司提供的開放的手機作業系統，蘋果公司以外的手機廠商都使用安卓作業系統。

除此之外，微軟的 Windows OS、加拿大的黑莓作業系統（Blackberry OS）、火狐（Firefox）系統等也可以裝載在手機上，只是數量非常有限。

3.5.3
手機在現代社會的作用

前面提到過「一個地球，兩個世界」的說法，筆者認為手機正是把人們所處的現實世界和虛擬世界相連線的工具，當然也是當前人類相互溝通交流的有力輔助工具。當今許多人其實時常來回穿梭在這兩個世界之間，1 小時不看看手機，手心就開始發癢了。

> 本節小結：手機已經是我們生活的一部分。

第 4 章

後疫情時代的到來和 5G 時代的開始

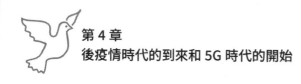

第 4 章
後疫情時代的到來和 5G 時代的開始

　　前幾年，新冠病毒在全球的流行，讓人類的生活、出行產生不少限制。在成熟的無線通訊 3G、4G 的技術支撐下，人類的手機交流，遠端溝通並沒有減少，根據世界電器通訊組織 —— 國際電信聯盟（ITU）的統計，2020 年的網路過境流量為 718TB／s，同比上一年度成長了 37.7％，其中亞太地區成長了 41％，歐洲和美國成長了 20％，根據 IDC 的預測統計，2020 年全球生成和消費的數據為 58ZB（1 ZB 為 10^{21}B）。以中國、日本、美國、韓國、歐洲為主導的世界上的幾十個國家已經拉開了 5G 通訊的序幕，宣告著人類進入了 5G 時代，即第五代行動通訊系統時代。

　　有句古話：溫故而知新。我們簡要看看 5G 之前 40 年的各代通訊系統的特點，可簡單歸納為：開天闢地為 1G，數位時代的 2G，多媒展現身 3G，智慧型手機獨占 4G。

　　1G 以 FDMA 為技術支撐，類比訊號傳輸語音，開啟了蜂窩網路的架構。

　　2G 以 TDMA 為技術支撐，開創了數位化語音新時代，開啟了數據通訊的前奏曲。

　　3G 以 CDMA 為技術支撐，實現了數據的高速化，為智慧型手機的出現奠定了基礎。

　　4G 以 OFDMA 為技術支撐，實現了進一步的數據高速通訊，智慧型手機一統天下。

　　那麼 5G 呢？以下談談 5G 的特別之處。

4.1
5G 的特徵

簡單地說，5G 的特徵有速度快，連結多，時延短。

4.1.1
5G 速度很快

3G 時代初期，雖然可以使用手機上網了，但是上網體驗不佳，感覺非常慢。到了 4G 時代，上網速度為 3G 的 10 倍以上，讓手機上網變得如此普通，我們許多人用了智慧型手機。手機網路蓬勃發展，Instagram、Line 等各種社交工具層出不窮，也出現了像 YouTube 這樣的占用許多流量的影片 App，如果你不在乎流量的話，可以說 4G 時代的智慧型手機已經讓人類生活變得非常方便且豐富多彩。

和 4G 相比，5G 的速度大概為 4G 的 10 ～ 20 倍，最高峰值速度可以達到 20Gb/s，如果一個使用者獨占了一個基地臺，用 5G 網路來下載一部 DVD 電影大概也就耗時幾秒鐘，可是基地臺往往是許多使用者在連結使用的，因此 5G 網路的使用者體驗速率基本上會在百兆位元每秒級別，預計 5G

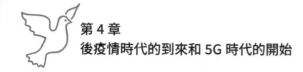

時代 4K、8K 影片、VR（虛擬實境）等大流量 App，使用者都相繼可以在手機上體驗。

這個特徵在通訊術語裡面叫作 EMBB（Enhanced Mobile Broad Band），即增強型移動寬頻，簡稱高頻寬。

4.1.2
5G 連結很多

在 3G、4G 時代，如果在人流擁擠的火車站，或者在擠滿觀眾的體育館裡面，有時候你會發現手機連結不上網路。其實，3G、4G 網路在設計的時候大概是按照每平方公里內有 1 萬個人連結設計的系統，也就是說每平方公尺一個人（一個連結），因為 3G、4G 網路實質上就是針對人的通訊需求而考慮的，確實一平方公尺裡面擠 2、3 個人不太現實。5G 網路是按照每平方公里 100 萬個連結來設計的，也就是說每平方公尺有 100 個連結，一平方公尺裡面不可能站立 100 個人，所以 5G 網路面向的對象除了「人」以外，更多的還有「物」。

這個特徵在通訊術語裡面叫作 mMTC（massive Machiine Type Communication），即巨量多機器型態通訊。

4.1.3

5G 時延很短

當一部汽車以 50 公里／小時的速度在行駛的時候，100
毫秒（0.1 秒）汽車駛過的距離是 1.388 公尺，也就是說如
果你發現緊急狀況，在 0.1 秒內做出反應，立刻剎車的話，
其實汽車要在 1 公尺以外的地方才能停住。5G 網路的反應速
度很快，也就是 5G 網路的時延很短，其理由是在 3GPP[003]
的 Release16[004] 中約定 5G 的時延是從終端到基地臺為 1 毫
秒，即反應非常敏捷，意味著 5G 網路不會「頓」，更不會
「卡」，而且 5G 網路的通訊還非常可靠。

這個特徵在通訊術語裡面叫作 URLLC（Ultra Reliable
and Low Latency Communication），即超可靠低延遲通訊，簡
稱低延遲。

最近常聽到 5G 時代自動駕駛來臨的說法，筆者認為根據
自動駕駛系統的設計不同，並不是說沒有 5G 就不可能實現自動
駕駛，也並不意味著光靠 5G 就可以實現自動駕駛，而是 5G 的
URLLC 特徵很可能會在自動駕駛系統中造成很強的輔助作用。

> 本節小結：5G 具有三大特徵，即速度快，廣連結，短
> 時延。

---

[003]　3GPP：3rd Generation Partnership Project，第三代合作夥伴計畫，是國際電
　　　　信聯盟為了實現第三代行動電話系統的規範化而成立的一個旨在以全球通訊
　　　　標準規範統一為目標的計畫。
[004]　Release16 是指 3GPP 發現的第 16 個版本。

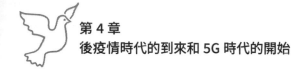
4.2
5G 利用的技術

4.2.1
5G 用的頻譜

　　5G 網路使用的頻譜的通俗說法有兩種，低頻譜，即 6GHz 以下的頻譜，也叫 Sub6，在 3GPP 協定中被定義為頻率範圍 1 （FR1，Frequency Region 1，範圍在 450MHz ～ 6GHz）；高頻譜即 24GHz 以上的頻譜，也叫 mmWave，中文為毫米波，在 3GPP 協定中被定義為頻率範圍 2（FR2，Frequency Region 2，範圍在 24.25GHz ～ 52.6GHz），之所以叫毫米波可能是因為這些高頻譜的波段波長在毫米量級。

　　總體來說，Sub6 的電波由於波長比較長，其繞射效能比 mmWave 毫米波的電波效能要好，故用作網路的覆蓋比較好，而 mmWave 毫米波的基本上只能靠直射、彈射、散射來傳播而且衰減很快，則比較適合做熱點，或無阻擋空間的小部分覆蓋。由於毫米波處於高頻譜，用於 5G 通訊的波段比較寬，故可以做大容量的傳輸。

5G 增強移動寬頻得益於 5G 頻譜波段。

根據夏農第二定理，即雜訊通道編碼定理（noisy-channel coding theorem），通訊速度的快慢主要由頻譜波段決定，其實很容易理解 5G 為何可以實現增強移動寬頻了，如下圖所示。

$$C = W \log(1 + \frac{s}{n})$$

其中：

C：頻道容量

W：頻寬

$\frac{s}{n}$：訊號雜訊比

公式裡面的 C，即通道容量可以理解為通訊的速率，W 就是頻譜的波段。由於 5G 用到了比 4G 更高的頻譜，故可以分配更多的波段給 5G 通訊用。單純從頻譜上看 5G 頻譜就是 4G 的 20 倍以上，因此 5G 的頻譜上可以保障了 5G 的 EMBB，即增強移動寬頻的特徵。

4.2.2
5G 的頻譜利用技術

5G（實際上從 4G 就開始了）對無線頻譜的利用效率有了很大提升，主要是利用了 OFDMA（Orthogonal Frequency Division Multiple Access，正交分頻多重進接）技術，也是

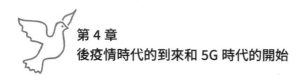

OFDM（Orthogonal Frequency Division Multiplexing，正交分頻多工）技術的演進，二者對無線資源的分配如下圖所示。

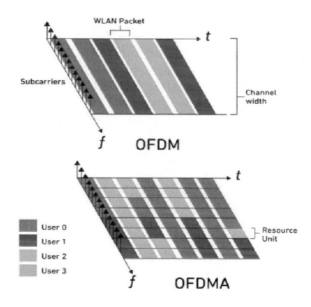

如果使用卡車運輸進行比喻，如下圖所示。

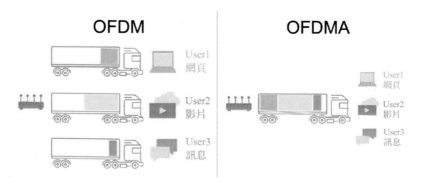

可以看到 OFDMA 技術大大提高了頻譜的使用效率，加上 5G 頻譜本身可利用的波段增寬，所以 5G 網路有增強移動寬頻的特徵。

當然 5G 技術裡面還有別的技術可以更加有效地實現頻譜的高效利用。下面簡單介紹一下最有效的提高頻譜效率的技術 MassiveMIMO（Massive Multi Input and Multi Output），即大規模多輸入多輸出技術。

MassiveMIMO（大規模多輸入多輸出技術）是一種大規模天線陣列的使用技術，最早是由貝爾實驗室提出並實驗驗證的。MassiveMIMO 透過多根天線（一般來說是 64 根以上，也有 128 根或 256 根的）或多根天線的一部分形成多個窄的波束，分別輻射於小範圍的使用者空間，使得無線傳輸連結的能量效率提高，從而成倍，成幾倍地提高頻譜利用效率，達到提升 5G 速度的效果。

> 本節小結：多種技術助力 5G 通訊發展。

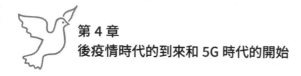
4.3
中美日等國的 5G 基地臺建設情況

下面簡單介紹一下中國、美國和日本等國的 5G 網路建設情況,由於 5G 網路還在建設之中,筆者就當前的數據做一些介紹。

繼 2018 年韓國平昌冬奧會 5G 試點之後,2019 年 4 月 3 日韓國三大無線營運商正式宣布開始 5G 網路商用,人類社會正式開始規模商用 5G 網路技術。

4.3.1
中美日等國 5G 商用開始時間

美國 Verizon 公司於 2019 年 4 月 3 日(和韓國營運商同日,由於時區關係,實際比韓國晚幾個小時)也宣布開始 5G 商用。2019 年 5 月分,美國的 Sprint 公司,2019 年 6 月分,美國的 AT&T、T-Mobile 公司相繼宣布 5G 商用的開始。

在 2019 年 10 月 31 日的中國訊息通訊展覽會上,中國工信部宣布開始 5G 商用,次日中國移動、中國聯通、中國電信開啟了中國的 5G 網路商用服務。

日本三大營運商 NTTDocomo、KDDI、Softbank 於 2020
年 3 月底宣布了 5G 的商用開始，繼韓國、美國、中國之後，
日本也進入了 5G 無線通訊時代。

4.3.2
中美日 5G 頻譜的側重點

中國無線營運商的 5G 頻譜主要專注在 Sub6 上，同時兼
顧了 24GHz 以上的毫米波頻譜。目前中國以 Sub6 的 5G 基
地臺為優先建設，發揮了 Sub6 的優秀的覆蓋能力。

美國由於 Sub6 的頻譜，被氣象占用，被電視訊號占用，
以及被軍事占用等因素，無法有效利用 Sub6 的頻譜，故美國
側重於毫米波基地臺的建設。

日本總務省發放了 Sub6 和毫米波的頻譜許可，由於日本
Sub6 的頻譜存在許多干擾，故日本營運商還無法 100% 開啟
Sub6 的 5G 基地臺，在頻譜規劃上呈現出長期頻譜策略規劃
的局限性。

4.3.3
中美日 5G 的網路建設中使用的供應商

中國的 5G 供應商是以華為、中興為主的中國廠商，加
上愛立信、Nokia 為輔的外國廠商。

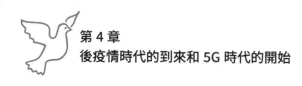

美國、日本則以中國廠商的 5G 技術有安全隱患為由，旨在建設所謂的「清潔網路」，徹底排除了中興、華為在美國和日本的 5G 建設，使用了愛立信、Nokia、三星電子等廠商的 5G 裝置。

4.3.4
日本樂天的挑戰：Open RAN

2019 年日本樂天公司開始 4G 網路建設，成為日本新的無線營運商，並於 2020 年 3 月取得了頻譜許可並開始著手 5G 網路建設。與世界上其他無線營運商使用中興、華為、愛立信、Nokia、三星等廠家的封閉式系統裝置不同，日本樂天採用了 Open RAN 的架構，旨在基於 Open Interface（公開的介面）來建構無線網路，其公開的介面由 O-RAN Alliance 的聯合團體來定義。樂天採用了不同廠家的硬體，透過自家軟體連結硬體，正在努力建構全球首個 Open RAN 的 4G ／ 5G 網路。

4.3.5
日本無線技術的心結

從 1G 開始，日本一直處於無線通訊的領先地位，但是猛然抬頭一看，現在世界上的無線供應商市場中已經基本沒

有日本公司了，嚴格來說，在全球無線供應商市場上日本公司占了 1% 的份額。2020 年日本電報電話公司 NTT 出資 6 億美元給日本電氣公司 NEC，為實現「共同開發，以創新的光·無線技術，重返全球通訊江湖」。日本政府公布的 Beyond 5G 裡面明確規定了日本企業要在 2030 年之前彌補 5G 落後的發展程式，同時搶占至少 10% 的 6G 專利。

4.3.6
日本的 Local 5G

4G 以服務「人」為目的，而 5G 則除了服務「人」以外，還可以服務於各式各樣的「物」，有助於擴展 IoT（Internet of Things，物聯網）賦能垂直行業，基於日本擁有強大的製造業基礎，日本政府採取了無線營運商的公網＋企業的專網的 5G 發展模式，這個企業 5G 專網就是 Local 5G，看來日本政府希望企業能夠藉助於 Local 5G 制度增強其行業競爭力，目前 NEC、富士通、Sony、松下等日本公司均在開發各自的 Local 5G 系統。Local 5G 也是未來垂直行業應用中需要關注的部分。

> 本節小結：世界各國正在努力建設 5G 網路。

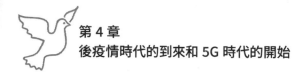
4.4

5G 的各種流言

4.4.1

5G 電波會對人體有害嗎

　　在 5G 建設開始前後，有許多流言，其中人們關心的一個話題就是 5G 基地臺的電波是否對人體有害。

　　首先電磁波對人體的傷害主要透過兩種方式，一種是高能量的電磁波對人體的皮膚或其他組織的輻射，第二種是利用頻率接近的共振原理，電磁波使得人體的組織內的分子或分子鍵產生共振發熱繼而引起傷害。第一種類似於人類去醫院接受 X 光檢查，第二種類似於微波爐的原理（微波爐是利用 2.5GHz 的電磁波來共振食物裡面的水系分子等，而使其內部摩擦發熱來達到加熱的效果）。這兩種方式都需要極高的能量，而 5G 基地臺的發射功率和微波爐以及 X 光照射相比還是非常小。在利用 5G 手機接收 5G 基地臺電波進行通訊的時候，人體接收的電波輻射能量實在太小了，一般說來不會引起傷害。但是 5G 時代手機網路發達，手機社交變得非

常方便，加上網路上各種影片、圖片豐富了人們的視覺，出現了類似「低頭族」的人群，或者長時間手握手機，長時間講電話和長時間看 Instagram 或 Line 的行為可能會使人體的肌肉、關節等部位產生不適，不過這不是 5G 電波的結果。

4.4.2
5G 電波影響飛機　　美國的糾紛

2021 年底，美國聯邦航空管理局 FAA（Federal Aviation Administration）聲稱 5G 網路可能會干擾飛機上的一種叫作「雷達高度計（Radio Altimeter）」的裝置，從而影響飛機高度的測量，美國的幾家航空公司也要求美國的無線營運商推遲 5G 網路的開通等。

代表美國無線通訊行業的 CTIA 協會（Cellular Telecom-munications Industry Association）以及聯邦通訊委員會 FCC（Federal Communications Commission）出面反駁 FAA 的說法，引發了激烈的衝突。

4.4.3
5G 導致了新冠病毒嗎

根據拆除 5G 基地臺的英國人說法，新冠病毒的蔓延與5G 相關，因此燒毀了幾座 5G 基地臺，還聲稱此舉完全是為

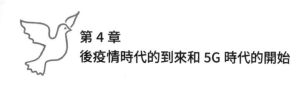
了抗擊疫情。隨後英國政府出面釋出 5G 基地臺和新冠病毒沒有本質的關聯等闢謠宣告。

> 本節小結：關於5G的各種議論，都應該遵循科學原理。

4.5
為什麼人類對於 5G 有如此的期待

　　儘管有各式各樣關於 5G 的流言，技術革新的步伐從來沒有停止過。在 2020 年 1 月初筆者參加的日本鋼鐵聯盟的新年會上，6 位新年致辭者中有 5 位說到了，我們要迎來光明燦爛的年代，因為 5G 到來了。雖然不能直接聯想到 5G 和鋼鐵的關係，不過或許新生事物的誕生總是讓人興奮，或許 5G 網路的特徵賦予了人們更多的想像空間，比如說，5G 可以促進現有行業的成長；5G 可以產生新的應用，帶來新的工作職位；5G 可以擴大市場；5G 可以帶來更高的效率，壓縮更多的成本；5G 可以促進大數據、AI 的快速發展，從而帶來新的創新機遇等。下面將舉例說明一下。

（1）工廠內搬運實現自動化

　　裝有 5G 模組的小車，叫作自動導引車（Auto Guided Vehicles）替代了人工推車，在工廠內部載著各種物料，選擇事先設定的路線或者智慧選擇最優路線，把物料及時精確地運到生產線上。自動導引車上裝有多種感測器和相當於眼

睛的鏡頭，透過 5G 隨時和雲算力通訊，可以做到「眼觀六路，耳聽八方」，遇到別的自動導引車也會像人一樣謙讓一下，讓優先度高的車先走。

（2）機械手替代了工人的雙手

在 5G 工廠裡面，人工裝備，人工檢查等人工操作已經被機械手所取代，由於機械手沒有肌肉，不會發生肌肉痠痛的生理現象，可以24小時「精神抖擻」地工作在生產線上。

（3）沒有照明的生產線

由於大部分工作都由機器在操作，人基本不需要進入生產線，故 5G 工廠裡面大部分生產線已經不需要照明，據筆者所知，整座工廠實現了 80％無照明生產。

（4）實時數位對映管理

沒有照明，並不意味著看不見，相反在 5G 工廠的控制中心，各條生產線的各個環節的狀態可以利用 5G 通訊實時地在監控螢幕上反映出來，虛擬實境的數位對映系統可以實時觀察到各個點的生產情況。

那麼下面我們一起探討一下 5G 會如何改變我們的人類社會。

> 本節小結：世界各國非常期待 5G。

第5章

5G 改變社會

第 5 章
5G 改變社會

　　目前 5G 在各行各業的應用是人們熱議的一個話題，各類講述 5G 的書籍雜誌也隨處可見，讀者也可以比較容易地在網路上找到這些數據，畢竟人類社會已經是智慧型手機時代了。

　　5G 與前幾代無線通訊技術的關鍵差異是，從面向消費者，提升使用者的體驗和感知，進而轉向對各行各業和社會管理方面的滲透，5G 時代將會出現前所未有的各種新的應用。

5.1
可持續發展目標

　　可持續發展目標（SDGs）是 2015 年聯合國制定的到
2030 年的可持續發展目標，英文為 Sustainable Development
Goals。裡面設定有 17 專案標，雖然沒有法律約束力，但是
希望各國都能夠建立國家框架，積極投入到實現這 17 個目標
的事業中去。本小節就 5G 的特徵及關聯技術來闡述 5G 在實
現這 17 個目標中的能發揮的作用。期待 5G 能夠使得我們這
個地球成為更美好，更和平，更平等，更宜居的人類社會。

5.1.1
無貧窮

　　目前世界上還有約 10 億人口處在每天的生活費在 1.25
美元以下的生活水準，被定義為貧窮人口。貧窮可能是多種
原因造成的，比如社會的不穩定、國家的產業政策、自然環
境影響、教育水準低下、資訊落後、機會不平等，公共衛生
危機等。

　　5G 時代應該實現遠端教育的普及，同時接受教育的成本

也應該可以大幅降低，期待這些貧窮人口可以在 5G 技術支撐下，不需要昂貴的學費也能接受良好的教育。提高貧困人口的教育水準，或許是一條有效的使之脫貧的路。

5.1.2
零飢餓

在一些貧窮落後的，或者有戰爭的國家和地區存在著饑荒的現象，或者突發性的自然災害發生時，往往伴隨著饑荒現象的發生。

聯合國對於飢餓地區也有援助專案，對於如何合理地、公平地、有效地把支持的糧食送到飢餓的人手裡，5G 時代或許可以利用便利的溝通、發達的物聯網（IoT）來更加有效地解決這一問題。同時也可以有效地抑制先進國家的糧食浪費等現象，把我們智人祖先曾經為之煩惱的糧食更加高效地分配給全體智人的後裔。

5.1.3
良好的健康與福祉

5G 時代，更多的人可以利用 IoT 裝置來記錄人們的身體活動資訊。現在流行的智能手錶可以測量到攜帶者的心率、脈搏、呼吸頻率等各種生理指標，當然不遠的未來可能能測

量到血糖值、脂肪率等指標。越來越多的健康 App 也會在 5G 時代如雨後春筍般出現。

這些隨身穿戴的裝置可以每時每刻地測量我們身體的效能數據，當然可以對亞健康狀態發出警告，提醒人們需要注意，也可以在接受治療的階段時刻關注程式，提醒病人或者醫生。

5G 時代，一個比較熱門的話題就是遠端醫療。由於 5G 的 EMBB 和 uRLLC 的特徵，遠端醫療變得越來越現實，低延遲的大數據的影像傳輸使得遠端的醫生可以看清病人的各種症狀，宛如坐在病人對面一般。達文西機器人手術系統的遠端版本會不會在 5G 時代實際運用值得關注。

5.1.4
優質教育

前幾年新冠病毒在全球的流行，阻擋了人類正常的交通移動，於是遠端辦公、遠端會議、遠端上課等越來越多。

以前去美國留學的學生必須申請簽證，前往美國的學校才能接受教育，還有我們從小就習慣於背著書包上學去的求學方式，然而，在疫情嚴峻的這幾年中，許多人身在臺灣卻上著美國大學的課，許多學生在家裡用電腦、平板等裝置在聽著老師講課。

5G 時代越來越多的遠端教育或許可以使得學生足不出戶

也能夠享受到身臨其境的教育，如果學費制度改革的話，可以使得越來越多的低收入家庭的孩子接受全國範圍，乃至世界範圍的良好的教育。

總之，5G 的普及，從技術上來說基本上可以實現平等教育，消除教育的不平等。

5.1.5
性別平等

隨著 5G 時代的發展，人類的優質教育實現普及，更多的工作職位誕生，加之溝通的便利，資訊的靈通，希望可以大幅度增加女性的社會活動，為實現真正的性別平等助力。

5.1.6
清潔飲用水和環境衛生

5G 時代物聯網（IoT）的普及可以在水資源的各個節點進行實時監控，確保人類賴以生存的有限的淡水資源不被汙染，或者在有汙染的情況下第一時間得知並實施去汙措施。

同時也可以有效地監控水資源的平衡和排程，使得人類能夠更加有效地利用水資源，保障人類清潔的飲用水。

5.1.7
經濟適用的清潔能源

目前地球上大約有 30 億人依靠著燃燒木材、煤炭或乾燥後的動物排洩物來生火做飯取暖，該行為排放了 60％的溫室氣體。除了現有的煤炭發電，天然氣發電，水力發電和核能發電以外，人類也在大力開展自然資源發電，例如太陽能發電、風能發電、海水波浪發電、地熱發電等多種方式，希望能減少溫室氣體的排放。幾乎所有的這些發電方式都需要監控，而 5G 時代的物聯網（IoT）技術剛好可以發揮作用，使得人類可以更多地，更加高效地獲取清潔能源。

5.1.8
體面工作和經濟成長

全球行動通訊系統協會（GSMA）會長葛瑞德（Mats Granryd）表示：「5G 構成了世界邁向智慧連線時代的重要組成部分，隨著物聯網、大數據和人工智慧的發展，它將成為未來幾年經濟成長的關鍵驅動因素。」從經濟效益上來看，有報告稱 5G 會給全球帶來 2.2 兆的經濟成長。另外和 IoT、AI 結合，5G 在工業製造領域預計也會發揮強大的作用，推動工業製造的高效率、低能耗、多品種、少人工的智慧製造（Smart Production）的成熟與發展。根據日本鑽石週

刊的預測，5G 幾乎會對各種產業產生影響，僅對日本而言，預計，將對日本的交通物流行業產生 2,100 億美元的經濟貢獻；對工廠、辦公場地產生 1,340 億美元的經濟貢獻；對於醫療健康、老人護理行業產生 550 億美元的經濟貢獻；對於零售金融行業帶來 350 億美元的貢獻；對智慧住宅的不動產行業帶來 200 億美元的貢獻；對其他如體育、旅遊、建築、農林、水產、教育行業等也可帶來幾百億美元的經濟貢獻。

5.1.9
產業創新和基礎設施

就像網路誕生初期，GAFA 在美國的誕生一樣，在 5G 平臺上的各類創新預計也會層出不窮，新的技術平臺的誕生也必然在人類的睿智下產生出各式各樣的新的服務於人類的應用，筆者也由衷期待一些讀者能夠在 5G 時代創新創業，做一番大事業。

5.1.10
減少不平等

5G 時代會使得資訊的流通更加快速，更加平坦（Flat）。反之，資訊封鎖，資訊獨占，資訊控制或許會越來越難。作為社交動物的人類在 5G 時代的交流必然會更加緊

密，更加大量，更加便利，使得各種差別也會變得越來越
小，社會趨於相對平等。

5.1.11
可持續城市和社群

城市在各種觀念、商業、文化、科學、生產力、社會發
展程式中起著樞紐的作用，目前看來對社會經濟方面發展有
很高比例的貢獻。然而城市有著各式各樣的問題，有大家非
常熟悉的擁擠的交通和狹小的住宅，當然還有像犯罪之類的
問題。可以利用 5G 網路實現的智慧交通、自動駕駛、人流
監控和引導解決這些問題，創造更加智慧舒適溫馨的住宅。
當然也可以利用各種影片監控預防犯罪的發生，以及提高犯
罪發生後的破案速度。

5.1.12
負責任的生產和消費

5G 時代的物聯網（IoT）應該基本可以實現從商品的生
產，運輸到銷售等環節的跟蹤，做到全流程服務可查詢，無
斷點地為消費者服務。物聯網也可以在降低能耗，提升品質
方面大有作為，在大數據，人工智慧的協助下，可以根據市
場需求來安排生產以減少對資源的不必要的損耗或浪費。

5.1.13
氣候行動

5G 在各行各業的應用可以使新時代能源的利用更加高效，也可以高效率地獲取更多的清潔能源，以達到減少溫室氣體的排放，助力和加快全球碳中和的步伐。

5.1.14
海洋環境和陸地生態

據專家分析，地球上目前約有 100 萬個物種處於受到威脅或瀕臨滅絕的境地，而且物種滅絕的速度正在隨著全球氣候變暖的加劇，環境汙染的加劇而加快，因此，如何更好地保護生物多樣性其實是我們人類需要面對的問題。物聯網可以在對海洋環境和陸地生態的保護中發揮重大的作用，例如：利用影片監控嚴格阻止對稀有動植物的過度撲殺、非法採集等，也可對稀有的動物進行物聯網的監控以便更好地了解其習性，便於對其保護或人工繁殖。

5.1.15
和平正義

預計在 5G 時代，遠端影片會變得越來越普遍，這樣的溝通交流有利於不同意見的交換，也有利於各種矛盾的緩和

和解決。增加資訊傳遞的頻率和體驗在溝通過程中的感受，促進相互理解等能力應該說是智人天生的本領，也是智人可以主宰地球的根本原因。期待和平正義在 5G 的技術支撐下更加發揮光芒，造福人類。

　　本節小結：5G 可以在可持續發展目標實現上發揮重要作用。

5.2
5G 網路的構成

　　5G 網路就是第五代行動通訊網路的簡稱，主要由 5G 基地臺、5G 傳輸、5G 控制處理裝置、5G 核心網四大部分組成，以上各部分有機地工作使得 5G 終端可以聯入 5G 網路，使人類可以享受高大上的 5G 體驗。

5.2.1
5G 基地臺

　　大部分的 5G 基地臺是基於相控陣雷達原理，利用多天線陣列，實現多個收發單元，通常把 5G 基地臺叫作 AAU（Active Antenna Unit）。為了支持 64 路的發射和接收訊號效能，目前行業內的 AAU 通常採用 192 個天線單元，5G 基地臺的模樣（例 sub6 AAU）。

5.2.2
5G 傳輸

　　光傳輸網用於連結 5G 基地臺和局端控制器，以傳輸基地臺和控制器之間的大量數據，介面規格叫作 CPRI（Common Public Radio Interface）或 ECPRI（Ethernet Common Public Radio Interface）。

5.2.3
5G 控制處理裝置

　　透過光纖把基地臺的訊號傳回來，處理這些基地臺訊號的裝置在 4G 裡面叫 BBU（Base Band Unit），5G 可以把 BBU 根據需要處理的數據特徵分離成集中式單元（Centralize Unit, CU）和分散式單元（Distributed Unit, DU）兩種方式，一般把需要實時處理的功能放在 DU 側，把適合集中處理的放在 CU 側。

5.2.4
5G 核心網

　　核心網用於對使用者的管理控制，透過 CU／DU 處理過的訊息，由核心網負責處理與外界的連結轉送等。

5.2.5
5G 終端

5G 終端中最常見的就是 5G 手機,最近越來越多的手機支持 5G,在 5G 網路覆蓋下,可以接收 5G 訊號,手機螢幕上方除了豎起幾根「棒子」代表訊號強度外,邊上還會出現 4G、5G 等字樣,代表著手機接入的網路。

除了手機以外,還有專門用於數據收發的行動 WiFi 路由器,或家庭放置式 WiFi 路由器。未來更多的是 5G 對應的各種物聯網裝置、感測器,這些裝置預計會鑲嵌在工業裝置和生活裝置中,構築起 5G 物聯網。

5.2.6
5G 基地臺的組網方式

目前 5G 存在兩種組網方式:NSA 和 SA。

SA 是 StandAlone 的意思,是指 5G 裝置單獨組網,通俗地說就是純 5G 網。NSA 是 None Stand Alone 的意思,是指藉助於 4G 網路的一些網元與 5G 裝置一起組網,通俗地說不是純 5G 網。

> 本節小結:5G 網路和 4G 的構成類似,也有互相融合的部分。

5.3
各國的 5G 倡議與產業政策

　　全球宣布 5G 商用至今已經快兩年了，如何發揮 5G 優勢，拓展 5G 創新，依然還在摸索之中。如何承上啟下發展 5G，美日各國也先後發表了各自的倡議或策略。下面做簡略介紹。

5.3.1
日本 Beyond5G 策略

　　日本於 2020 年 6 月 30 日由日本總務省釋出了《Beyond 5G 推進戰略：邁向 6G 的藍圖》（簡稱 Beyond5G）。

　　Beyond5G 明確規定了要在 2025 年的大阪‧關西世博會上擺出「日本 5G Ready Show Case」，暨日本 5G 成果展示窗。

　　利用 5G 技術，Beyond5G 期待日本能夠建設成：

　　人人可以活躍的社會
　　保持持續成長的社會
　　安心自律活動的社會

結合 5G 和日本自身的技術優勢，Beyond5G 提出了以下的幾個網路技術特徵，要求產業、學術界、政府配合實現：

- 超高速和大容量。
- 超低延遲。
- 超多數同時接續。
- 自律性。
- 擴張性。
- 超安全和信賴性。
- 超低消耗電力。

日本政府希望未來在通訊裝置的對外出口上重振雄風，獲取世界通訊市場的 10%～ 15%。

作為日本通訊行業的老大哥的 NTT 也提出了 IOWN（Innovated Optical Wireless Network）構想，為未來技術做技術鋪墊。

Beyond5G 也明確了 Local5G 的制度及準備，結合 Local5G 的垂直行業的應用，希望為日本強大的製造業添磚加瓦。

5.3.2
美國的策略

2021 年 3 月 1 日，美國戰略與國際研究中心釋出一則報告，文中勸說美國在創新和投資上，制定支持，補充美國創新與投資優勢的政策，確保未來競爭中實現美國利益最大化。

美國在 5G 產業競爭上的策略基本上可以概括為八字策略：阻止別人，發展自己。

這與 1880 年代，隆納・雷根（Ronald Reagan）總統時代美國打壓日本的半導體行業的手段幾乎同出一轍。

> 本節小結：各國都推出了各種激勵政策，希望在 5G 賽跑中領先。

5.4
5G 普及後衣食住行的改變

5.4.1
溫馨方便的住房

隨著 5G 無線通訊網路的普及，人們的居住或許會變得越來越智慧化（懂得主人的心思）。例如家裡的空調如果由 5G 模組連結的話，在炎熱的夏天，主人回到家裡的十幾分鐘前空調就自動開啟了。主人進入家裡的同時，根據主人的習慣，電視機上出現了主人喜歡的頻道，或影片網站上的主人關注的內容等。如果不願做飯的話，送外送的無人機會非常準時地把熱的飯菜送到家門口（或者主人指定的陽臺等）。

5.4.2
智慧冰箱方便購物

更聰明的智慧冰箱會每天掌握主人家的食品情況，根據季節和家庭人員的食品消耗情況進行補充，當牛奶快喝光的時候，冰箱會自動向附近的超市或者在網路上購買。冰箱正

面或許是一個大螢幕，上面可以顯示冰箱裡面的食品庫存情況，或者是健康管理需要的，而主人最近吃的比較少的食品的提醒訊息，亦或是周圍超市正在促銷的對主人有益的新鮮蔬菜等，帶螢幕的智慧冰箱。

5.4.3
邊緣計算的不足與智能機器人的出現

5G 技術裡面還有一個技術叫移動邊緣計算，可以實現某些端到端應用的低延遲的效果。由於目前電子電腦的功耗比人腦高了 100 萬倍以上，因此無法保證一些機器人的靈活性，例如基於大量數據的利用 AI 進行判斷計算的智慧型手機器人的「大腦」無法安裝在處於網路邊緣的機器人的頭上。

近幾年有一些公司製作出智能機器人，並利用雲端計算的大量運算能力，把複雜的計算放在雲端上，旨在實現機器人的靈活、細緻的保母式服務以及節能。希望在近年內這樣的智能機器人能夠幫助人類做起許多家務，或者和老人、孩子討論各種有趣的話題。當然這樣的應用均得益於 5G 網路的高速率、低延遲的特點，使得機器人可以做到「人」在家裡，「腦」在雲端。

5.4.4
自動駕駛、電動汽車的普及

自動駕駛也是最近很熱門的話題，也有人認為只有 5G 才能實現自動駕駛。筆者認為，沒有 5G 也應該可以實現自動駕駛，但是 5G 的普及與成熟肯定會又更高水準的自動駕駛，更進一步地提高自動駕駛的安全性，有利於自動駕駛的普及和推廣。最近有關電動汽車（EV）的訊息也是常常被聽到，不知道讀者有沒有注意到，自動駕駛的大多用的是 EV 車，而不是傳統的內燃機汽車，其理由就是 EV 車的構成簡單，可以理解成一堆電池、馬達、四個輪子、一臺電腦、一大堆感測器和通訊模組的有機組合體。因為自動駕駛實際上是對路況的判斷和預測，需要瞬間的、大量計算才能完成，這剛好是電腦的強項。

EV 裡面一個關鍵的部件就是電池，目前各國都在全力研究電池希望在未來的汽車領域保持優勢。2021 年底，日本軟銀與美國電池公司 Enpower Greentech Inc. 釋出了能量密度為 530W·h/kg 的電池，為目前世界上能量密度最高的電池，據媒體報導該電池的體積能量密度已經超過了 1,000W·h/L，未來電池的發展也是在 5G 時代自動駕駛領域需要特別關注的方面。

最近美國三大汽車公司（通用汽車、福特汽車和克萊斯勒汽車）和韓國三大電池廠家（LG 能源、SK-ON、三星

SDI）共同在美國出資 250 億美元計劃生產年產量為 330GWh
的車載電池，可供應 300 萬部電動汽車用，希望打造汽車行
業的「供應鏈同盟」。

5.4.5
VR 旅遊

世界上有許多名勝古蹟，許多人總想去旅遊打卡。「3D
＋ VR」旅遊可以讓未來的我們足不出戶，只需一點點費用
就可以在上海體驗萬里長城的宏偉，可以達成人在臺灣，卻
體驗到埃及的金字塔前旅遊，或者'在夏威夷的海灘觀看藍
色的大海。目前日本 KDDI 公司已經推出了 VR 眼鏡，利用
5G 技術讓使用者體驗遠端的當地導遊的實時觀光嚮導，順便
「看看」當地的特產，實現 5G 下的 VR 購物。

5.4.6
5G 給服飾時裝帶來新的體驗

巴黎的時裝展上模特兒的貓步一定給許多讀者留下過印
象，而柔性顯示器大量應用和 5G 時代的 AR 技術發展，將
給時裝表現注入新的活力，試裝將不再是模特兒的特權，我
們人人可以用 AR 來試穿各種時裝，透過 AR 來銷售各類時
裝衣服，柔性顯示器時裝也可能會在 5G 時代越來越普通。

5.4.7
人人可以開啟直播頻道

只要一部 5G 手機，人人可以開啟網路直播頻道，向網路上的粉絲直播自己的所見所聞。目前日本的某些列車頭上就安裝有高畫質攝影機，時時刻刻把沿途拍攝的鏡頭傳播到網路上，供人們觀看。今後網紅不光在演播室，更會走在大街小巷向粉絲直播風土人情，漫步在春野田頭直播鳥語花香，亦或翻山越嶺直播高山俊俏。

5.4.8
5G 對產業的影響

✦ 1. 網路的進化：從固定網路到行動網路

在 3G 之前網路基本上是固定網路，主要靠網路線連結，終端也是以 PC 機為主，當時大街小巷的網咖，裡面擺滿了桌上型電腦供人們上網、打遊戲。當時的手機還大多是功能機，基本上用於語音通話。

3G 之後，特別是到了 4G 時代，隨著智慧型手機的湧現，網路進化到了行動網路時代，手機上網很快就成為日常。各式各樣應用的出現，像 Line、Instagram、YouTube 等，使各種資訊交流、支付行為都離不開手機，現在的人們，大概很少用家裡的電話打給親朋好友了，只要用手機的

App 就可以實現視訊通話，而且是免費的。可以說手機已經和人在日常生活中構成了陪伴關係，而支撐著這樣便利通訊的就是 4G 網路和 5G 網路。

　　同時 5G 網路的普及會大力推動訊息化的加速和資訊產業的發展與成熟，實現網路、訊息向各行各業的滲透和融合發展。

✦ 2. 5G 賦能物聯網的興起與發展

　　隨著 5G 的誕生，網路也將從行動網路發展到物聯網，意味著在以「人」為溝通主體的固定網路／行動網路上加上了「物」這個新的主體，實現「人與人，人與物，物與物」的網路新形態。這種 5G 上物聯的實現正是得益於 5G 的 mMTC （massive Machiine Type Communication，巨量多機器型態通訊）的特點。當然根據場景不同，物聯的實現一樣需要 5G 的 eMBB 和 URLLC 特點。

　　關於 5G 時代物聯的發展與成熟，有學者認為，5G 時代物聯的普及可以把現實生活中的物理世界帶入數位王國，賦予虛擬世界的生命力，增加人類對物理世界的認知能力和感知能力，高效便捷地完成各項工作和任務，例如在農業、工業、家居、基建、能源、沙漠治理、綠化普及、智慧交通、智慧城市等方面，預計會帶來眾多自動化，智慧化，高效化的提升。

✦ 3. 5G 在工業領域的應用

5G 時代隨著各式各樣的感測器的出現，工業物聯網會越來越普及，這些感測器、攝影機等裝置宛如給製造業的機器裝上了眼睛，會極大提高生產效率，同時降低事故發生率，保障產品的均一性，提升產品的品質，賦能「第四次工業革命」的實現。

✦ 4. 5G 在農業生產上的應用

5G 可以運用在農業生產領域，當種植農作物的土壤的溼度、溫度、日照時間、風向等數據可以時刻被收集，可以實現利用無人機對農作物的生長狀況影片拍攝並即刻回傳的話，種植人員不去實地，或少去實地也可以掌握作物的情況，及時實施灌溉、施肥、防止蟲害等措施，大力提升農業生產的效率、產量和品質。

✦ 5. 5G 遠端醫療變得現實

由於醫療資源的地區不平衡性，在一些偏遠地方，缺乏有經驗的醫生，或者遇到緊急情況，身邊有經驗的醫生不在場的情況下，5G 的高頻寬，低延遲使遠端醫療變為可能，可以有效地解決這類問題。當然多地、幾處醫生的醫療會診也變得容易至極。5G 時代，達文西醫療機器人或許會大放異彩。

　　5G 的應用會隨著網路建設越來越多，結合 5G 的特點，讀者也可以想出新的應用對社會做出貢獻，5G 也會影響到人類的各種領域。

> 　　本節小結：5G 在試圖改變社會的各行各業，也會改變我們的社會。

第 6 章

6G 技術的研究開發已經拉開了序幕

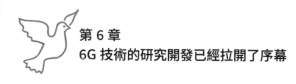
睿智促使人們對真理的嚮往！

古人王陽明四年悟道於龍場，終頓悟感嘆：「聖人之道，吾性自足，向之求理於事物者誤也。」

佛祖釋迦牟尼菩提樹下苦盤六年，終於頓悟，修成佛道！

執著精神助力著科技的進步！

馬克士威一生研究電磁學，其提出的電磁學理論在當時的歐洲被認為是奇談怪論，然而他毫不動搖，在卡文迪許實驗室（Cavendish Laboratory）內走完了最後的人生。直到赫茲真正發現電磁波後，他才得到世人認可，也正是由於馬克士威預言的電磁波，才使得無線通訊如此發達，使得我們的生活如此便利！

6.1
6G 的起始與願景

6.1.1
人類的好奇心

筆者曾經問過導師:「為什麼要花那麼多的錢去研究宇宙大爆炸呢,好像沒有什麼用啊?」導師給我的回答是:「人類具有好奇心,對於不知道的東西想知道!」

我們的智人祖先運用語言溝通能力,從認知革命開始了征服世界的歷程,也在這個星球上動物世界的競爭中脫穎而出,成為地球的霸主,主宰著這個世界。溝通過程,大多是無稽之談或八卦,可以解釋成人類自我的心理滿足。對於未知的事物,人類無時無刻不在尋找答案,這種尋找答案就是人類好奇心的表現。

同時好奇心也促進了人類的進化,催生了人類文明的開花結果。

另一方面,人性的永不滿足(當然也可以解釋成貪婪),

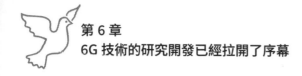
也是人類好奇心的一種表現。從無到有，到更多，到更好，人類就在這樣的追求過程中創造著文明，推進著科技的進步。

6.1.2
5G 的不足

目前正在建設中的 5G，或者已經商用的 5G，和 4G 比具有 eMBB 功能，但是對於某些業務來說，還是不夠快。比如 5G 無法支撐數據量巨大的，往往是 Tb/s（1Tb/s 為1000Gb/s）級別速率的全像類通訊（Holography Type Communication）、三維（3D）、虛擬實境（VR）、擴增實境（AR）等各種延展實境（XR）的業務需求。

5G 的時延不能滿足雲、虛擬實境等沉浸式體驗業務，無法滿足具有一定飛行高度的高速飛行的無人機的業務需求，也無法滿足未來時速 2,000 公里的真空管道高速鐵路的連結業務需求。

5G 的連結還沒有多到可以滿足成百上千的人體感測器的連結需求，或者用途複雜的對時延和傳輸速率同時有更高需求的工業物聯網的業務。

目前的 5G 頻譜資源還只是在 6GHz 以下以及 24 ～30GHz 的毫米波的一些頻譜，與未來超大數據的傳輸需求比，頻譜資源受到了限制。

5G 網路主要還是以平面覆蓋為主，無法實現真正的空中三維網路，比如無法實現控制 1 ～ 2 公里高的空間覆蓋，還有就是無法覆蓋占地球面積 70％ 的海洋，以及廣大的沙漠、峻險的高山等。

網路還不夠智慧，無法實現根據需求配置網路（Network On Demand）的業務場景，也就是根據需求可自由自在地排程和使用網路資源的業務場景。

目前的 5G 只能實現以視覺和聽覺為主的行動網路，還無法實現高維的網路通訊，例如觸覺互聯網（The Tactile Internet）。

6.1.3
6G 的起始

2020 年 2 月，在瑞士日內瓦召開的第 34 屆國際電信聯盟會議上啟動了面向 2030 年及未來的研究工作，並且明確了早期 6G 研究的時間表和所實現的願景等，代表著通訊行業 6G 研發的開始。

6.1.4
6G 的願景

由於目前還沒有明確的定義，可以簡單把 6G 願景歸納為：

（1）頻譜範圍極廣，即全頻譜使用

為了獲得更高的傳輸速率，6G 的頻譜會覆蓋 Sub-6、毫米波（mmWave）、太赫茲（THz）、可見光（VL，Visible Light）的極廣範圍的光譜。

（2）全球覆蓋

隨著科技的進步，人類的活動已經從陸地擴展到了沙漠、高山、海洋包括深海、南極北極、高空、外太空等領域。

未來 6G 要實現空、天、地、海的全方位無死角覆蓋。

（3）超多的應用

2030 年以後，全像通訊、觸覺互聯網、空中自動駕駛等的需求也會相繼出現，6G 也必然結合人工智慧、大數據、物聯網等技術實現各式各樣的應用場景，脫穎而出。

（4）強化安全

隱私與安全也是最近幾年世界上的話題，6G 網路可能會實現體聯網（電腦連結人的身體，取得各種指標），故在設計階段就會從物理層、網路層做好安全設計。希望這樣的安全問題的論調在 6G 時代變成無稽之談。

> 本節小結：6G 的願景基本上被認為是對 5G 願景的進一步擴展。

6.2
6G 的技術特徵

6.2.1
電腦遊戲與元宇宙

　　喜歡電腦遊戲的讀者也許會注意到，電腦的顯示卡很貴，有時候比 CPU 還要貴，那是因為遊戲的彩現（Rendering）需要大量的數據計算，顯示卡就是專門來做這項工作的。遊戲場面中的細雨場景，陽光遮擋下的陰影等細節必須要透過大量的計算方能逼真地表現出來。美國有一家公司叫輝達（NVIDIA），許多遊戲玩家都喜歡用它的圖形處理器（GPU，Graphics Processing Unit），最近許多做人工智慧的公司更是對輝達的 GPU 愛不釋手。隨著 3D、VR、AR、4K、8K 等內容的不斷湧現和對傳輸的需求的增加，特別是數位對映（Digital Twin）概念的誕生，可以把物理世界的事物，映像到虛擬世界裡面，需要計算的數據量就非常龐大。

　　讀者可能知道最近元宇宙非常熱門，其實所謂的元宇宙就是要把現實的物理世界的所有東西都數位化地在虛擬世界

中又逼真又形象地渲染出來。

喜歡電腦遊戲的小孩說不定在未來的元宇宙中設計出各式各樣的應用來服務於現實生活中的人們，不過還是想告誡喜歡打遊戲的小孩：除了打遊戲以外還需要花更多的時間去學習哦。

6.2.2
6G 速度超快 ── feMBB

6G 的超快速度特徵為進一步增強的移動寬頻（feMBB，further enhanced Mobile Broad Band），其設計速度預計在 Tbps 級別，為 5G 速度的 100 到 1,000 倍，以滿足 3D、XR、全像投影等未來新的應用的頻寬需求。未來全像視訊會議的頻寬需求大概在 Tbps 到 10Tbps 的級別。

6.2.3
6G 連結超多 ── umMTC

6G 有比 5G 的海量連結更多的連結數，即超巨量多機器型態通訊（umMTC，ultra massive Machine Type Communication）。預測 6G 的連結密度是 5G 連結密度的 100 到 1,000 倍，達到每平方公里 1 億乃至 10 億的連結數，即一平方公尺內可以達到 1 萬到 10 萬的連結密度。

6.2.4
6G 時延超短 —— euRLLC

為了滿足未來新的需求，6G 的端到端的時延設計標準應該小於 1 毫秒（1ms），而且還需要非常可靠，應該達到 6 個 9，即通訊的可靠性需要達到 99.9999％，這個特性叫作增強的超可靠低延遲通信（eURLLC，enhanced Ultra-Reliable and Low Latency Communication）。

當然 6G 除了以上基本特徵以外還應該具有其他特徵以適應未來需求。

6.2.5
長距離高速行動通訊 —— LDHMC

假設在研製高溫超導磁懸浮高鐵時，預計營運速度在 600 到 800 公里／小時，在如此高速的列車內聯網自然是 6G 需要考慮的需求。長距離高速行動通訊（LDHMC，Long Distance High-Mobility Communication）就是滿足這樣的未來需求。

6.2.6
超低功耗通訊 —— ELPC

由於 5G 基地臺相比 4G 基地臺更費電，有報導說有許多營運商不願意負擔高額電費，乾脆把 5G 基地臺關了，6G 也

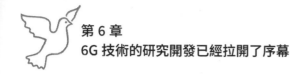
會面臨同樣的能耗問題,如何實現超低功耗通訊(ELPC,
Extremely Low Power Communication) 也是 6G 設計中面臨
的一大關鍵需求。

6.2.7
超高數據密度 —— uHDD

在超高速、超多連結、超低時延和超低功耗的通訊網路
下,巨量的裝置會「7×24 小時」地工作,整個網路的數據密
度和 5G 相比可以預計是指數式上升,6G 規格設計中超高數據
密度(uHDD,ultra High Data Density)特徵也一定會考慮到。

6.2.8
網路資源的需求化分配 —— NOD

網路資源按照需求可以隨時分配調節也應該是 6G 網路
的一個特徵,即網路資源的需求化分配(NOD,Network On
Demand)。例如在某個區域裡面,實施某些大型的活動,集
結了大批的人員和裝置,這就需要對此地區,在某個特定的
時間段內靈活地調配網路資源,需要 6G 具有網路資源的機
動調配功能。

6.2.9

網路管理的人工智慧化 —— NMbAI

在人工智慧的協助下，6G 網路管理也會更加智慧化（NMbAI，Network Management by AI），在預測性、靈活性上比之前的網路更加智慧，人工介入也會越來越少。

6.2.10

精靈網路 　 GN

高度人工智慧管理下的 6G 網路，加上某些新的應用的出現，會使人們覺得 6G 網路具有靈性，即表現為精靈網路（GN，Genius Network）特徵。

> 本節小結：6G 的各種「超」是由於未來的需求而不得不「超」。

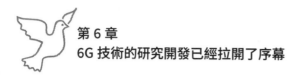

6.3
6G 利用的技術

6.3.1
6G 用的頻譜

在無線電波中把 0.3THz ～ 3THz 的電磁波叫作太赫茲波（THz 波），預計太赫茲波將是 6G 通訊用的主要頻譜資源。

例如川普時期的美國政府就在 2019 年 3 月由 FCC 宣布開發 95GHz ～ 3THz 的頻譜來做 6G 實驗頻譜。中國的一些專家認為 275GHz ～ 450GHz 的頻譜可能是比較適合 6G 的頻譜。日本 NTT 的研究所也在 300GHz 上研發 6G，宣稱已經研發出 6G 晶片。

當然具體的 6G 頻譜的劃分還需要好幾年的時間，各國政府也會根據技術的演進和需求的出現進行研究，預計頻譜的劃分會在 2025 年以後會相繼出爐。

6.3.2
6G 的頻譜利用技術

6G 的頻譜利用技術基本還在研發之中，下面就列舉幾個典型的可能用於 6G 的技術

（1）無蜂窩大規模 MIMO 網路架構技術

至今為止的無線通訊網路架構基本上採用的是蜂窩網路，如下圖所示。

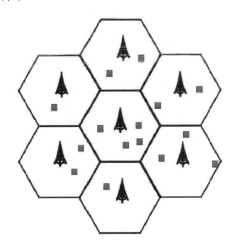

一個個高聳的發射塔安裝了基地臺，負責覆蓋一定的範圍，合起來看就像蜜蜂的窩，故俗稱蜂窩架構。使用者出了一個基地臺負責的範圍，就會進入到另外一個基地臺負責的範圍，由另外一個基地臺負責該使用者的通訊。在蜂窩的邊界上訊號較弱，干擾較強，存在有各種問題的邊界效應。

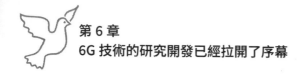

　　而 6G 網路則可能採用無蜂窩大規模 MIMO 網路架構，
如下圖所示。

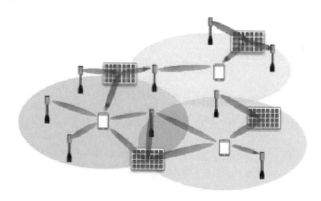

　　無蜂窩網路中由於沒有網格，不存在邊界效應，各個基
地臺的協同作業可以讓全範圍內的使用者提供高連線性水準
的服務。同時無蜂窩大規模 MIMO 架構可以提供高自由度、
超高陣列和多路複用增益，因此可以極大提高頻譜效率。

（2）紅外光譜，可見光譜的拓展利用

　　6G 很可能超越太赫茲頻譜，擴展到紅外光譜（3THz ～
400THz），可見光的頻譜（400THz ～ 800THz）的頻譜範
圍。或許讀者會問為什麼不擴展到紫外光譜（800THz ～
300PHz）範圍呢？筆者認為，紫外線對人體的細胞、基因有
輻射破壞性，而紅外線、可見光則比較安全，電磁的相容性
還比較好。從物理上，或許可以這麼說：紅外線、可見光接

近於波的形式，而紫外線則顯示出了粒了性，其能量也超出了人體細胞的能量忍受範圍。

（3）各類衛星覆蓋技術

衛星作為通訊手段其實已經有一段時間了，在許多體育比賽中常常用到衛星來做轉播。根據衛星距離地球的高度可以分為以下幾種衛星。

) 靜止衛星：在三萬六千公里的高空中和地球自轉週期一樣的彷彿「靜止」在地球上方的靜止衛星。

) 中軌衛星：在地球的靜止軌道，即三萬六千公里的高度以下並且高於地面兩千公里的衛星被稱為中軌衛星。在兩萬兩百公里高空的美國的 GPS 衛星就屬於中軌衛星。中軌衛星的運轉週期一般在 2 小時到 24 小時之間。

) 低軌衛星：在地球表面兩千公里的高度以下的衛星通常稱為低軌衛星。和中軌衛星一樣，低軌衛星無法「靜止」，其圍繞地球的公轉週期不定，可根據需要，依靠動力來控制其飛行的方向和速度，許多低軌衛星用於軍事用途。伊隆‧馬斯克（Elon Musk）創辦的「星鏈（StarLink）」就是利用了上萬個低軌衛星來進行通訊，目前已經在某些國家開始試用。

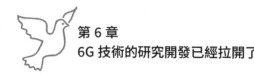

♩ 平流層通訊：在距離地面 20 公里的高空區域稱為平流層。根據國際航空聯盟的 100 公里之外為外太空的定義，雖然領空沒有明確的一致定義，但是平流層應該屬於各國的領空範圍。最近在平流層中發射無人機等裝置和地面進行通訊也成了國際上的熱門話題。國際上把這種裝置稱為 HAPS（High Altitude Platform Station）站。在 20 公里的高空的通訊裝置相當於一個 20 公里高的鐵塔通訊基地臺，可以覆蓋直徑 200 公里的地面範圍進行通訊，並且延遲也可以控制在 1ms 之內。像日本，在軟銀的倡導下成立了日本 HAPS 聯盟，寄希望提高通訊的覆蓋，實現未來空、天、地、海的通訊。

（4）低功耗的光電技術

在通訊中無論是基地臺、手機，還是核心網路裝置無時無刻不在使用著電力，隨著摩爾定律的封頂和半導體技術中原子尺寸的限制，半導體晶片也預計將在 1 ～ 2 奈米上遇到瓶頸。但是隨著 6G 時代的來臨，通訊傳輸速率的提升，超多連結裝置的加入和各種應用的出現，通訊對於電力的需求或許會從現在的 10% 猛增到 50%、60%。如何實現低功耗的算力和通訊必然是人類馬上就要面臨的課題。

缺少資源的日本人敏銳地看到了這一點，於 2020 年 1 月 NTT、Sony 和美國的英特爾聯合設立一個網路全球平臺，在

日本、美國等地設立研究所，著重開發光網、計算的融合技術，為未來 6G 時代作準備，其中的光電融合等技術是日本的專長，結合英特爾擅長的晶片技術，寄希望於在 6G 技術上搶占領先。

6G 還在研發之中，越來越多的 6G 技術、專利預計在未來幾年內如雨後春筍般出現，值得讀者關注和學習。

> 本節小結：為了實現 6G 願景，各種新技術的開發正在進行。

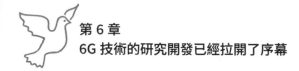
6.4
各國的 6G 研究

6.4.1
美國的 6G 研究

美國可能是最早急著宣布 6G 研發的國家，2018 年 9 月，美國 FCC 官員宣布開放大部分太赫茲頻段以推動 6G 的研發試驗。川普總統多次反覆強調美國要在 6G 上領先。

美國的多所大學（加州大學、史丹佛大學、紐約大學等），和企業（例如博通、高通等）均開始了相關 6G 技術的研究計畫。

6.4.2
日本的 6G 研究

日本在許多的通訊裝置、模組、低功耗技術、材料技術上具有全球頂級水準，例如在精密的電容、電阻等方面，日本企業具有全球壟斷性地位。

　　日本於 2020 年發表了《Beyond 5G / 6G 推動戰略》，日本經濟產業省也準備了幾十億美元的資金資助日本企業開展通訊方面的關於 6G 等未來技術的研究。

　　日本情報通信研究機構（NICT）、日本電報電話公司 NTT 也積極和松下、Sony、NEC、富士通等合作開始材料、晶片等相關領域的研究。

　　NTT 更是把專注無線通訊的 NTTDocomo、有線通訊的 NTTCommunication 和專注軟體的 NTT Comware 收歸麾下，提出了「創新全光和無線網路 IOWN（Innovative Optical and Wireless Network）」構想，期望實現「全光網路」。

　　創新全光和無線網路 IOWN 的願景：

　　日本政府把資訊社會定義為 Society4.0，把虛擬空間和現實空間緊密結合的社會設想為 Society5.0，即訊息可由物聯網和人工智慧提供，透過高度發達的光‧無線網路，實現高超的數位對映的社會形態。

　　日本政府期待 IOWN 的實現可以有如下的功效：

- 網路的電力功耗比現在低 100 倍。
- 網路延遲低 200 倍。
- 行業間橫向數位對映的實現和數位對映計算。
- 全光網路的超大容量通訊。
- 自律型的網路運維。

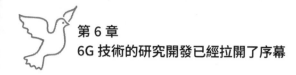
6.4.3
中國的 6G 研究

　　華為技術在 2019 年就成立了面向 6G 的研究室，近期提出 6G 時代可以透過大腦意識控制物聯網等概念，著力於未來 6G 的應用場景的開發和挖掘，而中興通訊的 6G 研發團隊提出了對於 6G 網路的「智慧連結」、「深度連結」、「全像連結」、「泛在連結」的展望，旨在構築「讓溝通與信任無處不在」的未來網路理念。

　　本節小結：在 6G 研發上，各國均在爭先恐後進行布局。

6.5
6G 時代的各種應用

6.5.1
人體物聯 —— 體聯網

　　隨著各式各樣人體物聯儀器的出現，6G 時代的人們可以大體做到每時每刻的體檢，可以利用各種佩戴式的或內建式的體聯網裝置（IoB，Internet of Body）實現對大多數身體指標的檢測。例如，鞋底裡面的體重感測器可以時刻推算出人的體重；手錶上，或者女性的項鍊上的感測器可以時刻測量我們的心跳次數、脈搏、血壓；細微型藥片式鏡頭可以根據需要簡單地做胃鏡，腸鏡等消化器官的檢查；家裡的馬桶也可以安裝鏡頭或感測器，根據排洩物來測量著人們的一些生理指標。

　　在保護隱私的情況下，實現對每個人的健康數據的實時監控，定期地，不定期地，甚至實時地對人體的健康狀態做評估，一旦出現亞健康狀態可立刻發出提醒。

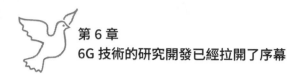

6.5.2

6G 時代的 AI 冰箱

和 5G 時代的冰箱比，6G 時代的冰箱會根據各自的體聯網的數據，建議主人的食物攝取平衡性，也許還會和數位化保健醫生時刻聯網，每當主人開啟冰箱取冰淇淋的時候，就會出現數位醫生的專業建議和忠告。

小孩子和家裡的 AI 冰箱在說話，在「吵架」的情景或許會出現在那個時代，期待 AI 冰箱能夠說服貪食的孩子，說不定 AI 冰箱會模仿孩子父母的口氣來教訓小孩。

6.5.3

豪華舒適的住房感受

6G 時代沉浸式的 AR 房間，讓一個 50 平方的住房，給人一種 250 平方的感覺，即便住在一樓、二樓，也感覺和住在五十層高樓的頂層一般，可以對景色一覽無際，看到日出、日落的美景。當然，朝北的房子也像朝南的一樣，時刻接收著太陽的溫暖，如果開發出這樣的系統的話，這樣的房地產房地產應該比較搶手。

6.5.4
溫馨可愛的 AI 機器人保母

在日本有一種叫作 3K（危險的 —— Kiken，髒的 —— Kitanai，苦的累的 —— Kitsui）的工作，大多依靠外國人進行，這種現象在歐美也有，依靠大量的移民來做歐美人自己不願意乾的 3K 的工作，6G 時代，許多這樣的 3K 的工作就由機器人來替代執行了。我們的家庭裡面也會配上溫馨的 AI 機器人保母，除了打掃環境、洗衣做飯之外，還能夠和老人聊天、和孩子說笑，並可以幫人按摩，你會不會對這樣的 AI 機器人愛不釋手呢？

6.5.5
觸覺互聯網的誕生

5G 網路的 3D、VR 等各類應用應該可以使得人類的視覺和聽覺在相當程度上得以滿足。但是，5G 網路中的遠端機器人、遠端手術等應用也會馬上出現瓶頸，遠端操作的機器人手確實可以抓住東西，遠端手術或許可以為病人開刀，但是和人的手臂，人的執刀手術不同，遠端的操作人員感覺不到任何回饋。醫生拿刀割開病人皮膚的時候，根據病人皮膚的彈性等感覺，其實在微妙地調整手術刀的力度，人的手在抓東西的時候也是根據被抓東西的大小、重量、重心等各種

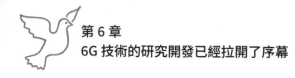

回饋過來的感覺,再調整手的力度和方向等引數以便抓住東西,是的,5G 網路裡面還缺少了觸覺這個訊息。

在 6G 網路時代,隨著超大量連結下超多感測器的應用,可以感覺到對方的觸覺互聯網將成為現實。上述的機器人手上的各種感測器的回饋,和遠端手術刀上的感測器的回饋,使得遠端操作,遠端手術真正得以實用。

6.5.6
從數位對映到數位自我

在 5G 到來的前沿時代,最近幾年出現了「數位對映」的概念。數位對映的概念其實是把現實世界中的各種實體虛擬到數位世界中,比如在都市計畫中,把以前的設計圖紙上的道路、建築物等在數位模型中顯示出來,隨著電腦運算力的提升,虛擬實境技術的發展,各式各樣的數位對映體會在 5G 時代出現。

6G 時代,隨著更多微型人體感測器的出現,不僅會誕生人體物聯 —— 體聯網,筆者期待著還會有人體的數位化分身,即「數位自我」的出現。除了在現實生活中活生生的人之外,在虛擬世界中還有一個影子一樣的數位人,其容貌、體徵、各種生理指標都可能十分接近現實中的生物人。那個時候對於許多小毛病,也許人不用直接去醫院看病,只需要派自己的數位分身去看一下醫生即可。

6.5.7
飛行汽車與交通道路的立體化

目前比較時髦的一種飛行汽車是電動垂直起降飛行器，英文說法是 eVTOL （electric Vertical Take-Off and Landing），類似於可以載人的無人機的擴展版。

當然在 5G 時代誕生的自動駕駛等技術，到了 6G 時代自然會運用到空中，飛行汽車也會隨之普及，目前世界上已經有多家公司在著手研發空中飛行的汽車，飛行汽車的開發對動力的依賴比較大，比如依賴對高能量密度的電池或者高壓氫的利用，當然自動駕駛方面更需要 6G 的超高速數據傳輸、超低延遲、精確的三維測位等未來技術。

飛行汽車的出現，可以大大緩解地面交通的擁擠，同時交通道路的空間發展立體化，立體交通規則的制定也會相繼出現。或許「6G ＋」時代人類再也不會有交通擁擠的煩惱了。

> 本節小結：「6G ＋」時代的各種應用帶給人們全新的未來世界。

第 7 章

「6G ＋」時代的關鍵技術突破

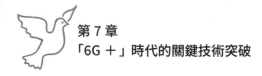

第 7 章
「6G ＋」時代的關鍵技術突破

人類永遠在進步！

1687 年，研究蘋果從樹上掉下來的牛頓出版了《自然哲學的數學原理》（*Principia*）一書，徹底推翻了主宰歐洲千年之久的神學基礎，建立了嚴密完整的經典力學體系，其中著名的萬有引力公式，讀者一定在中學的物理課堂上學習過。

1916 年，阿爾伯特·愛因斯坦發表了《廣義相對論的基礎》（*General Theory of Relativity*），否定了牛頓經典力學的絕對時空觀點，顛覆了牛頓的經典力學體系，開創了現代物理學理論的新紀元。愛因斯坦風趣地說道：「對不起，牛頓！」

那麼，6G 成熟之後會是什麼樣的呢？筆者姑且把 6G 成熟之後的計算演進，疊加和增強的網路叫作 6G ＋，當然也有人會說是 6G 先進版（Advanced），可以認為這是以狹義上 10 年一代的無線通訊技術發展角度來定義的 6G ＋，猜想大概在 2035 ～ 2045 年，就會出現「6G ＋」的各類技術。還有一種借用通訊時代的概念來定義廣義的「6G ＋」，可以設想為更加未來的時代。本書後面三章的一些設想是同時基於狹義「6G ＋」和廣義「6G ＋」的時代為背景來描寫的，除了通訊技術本身的發展以外，目的也是期待著「6G ＋」時代，通訊和其他各種技術的發達會大幅改變人類的生活方式

和人類的活動範圍，擴展人類的認知幅度。

借用愛因斯坦的一句話：「世界上最不可思議的事情就是這個世界是可以思議的！」

下面筆者和讀者一起夢想一下「6G ＋」時代的關鍵技術的突破。

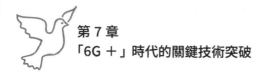
7.1
開啟靈魂的大腦

7.1.1
腦與電腦

✦ 1. 腦與電腦類似

上面的章節中講到過電腦類似於大腦。

電腦基於數據和演算法在工作，而我們的大腦其實一樣。對於我們的大腦來說，各類經驗、訊息或者知識就是大腦的數據，人類的智慧則是演算法。面對一樣的新聞，看到同樣的事件，不同的人有不同的看法和推測，主要是因為每個人的演算法不同，也就是各人有各自的智慧。當然數據不同，即便演算法一樣，其結果也不盡相同，這就是日常生活中我們會說的，這個人很有經驗，懂的很多之類的描述。

✦ 2. 腦與電腦不同

然而人的大腦與電腦有著本質的不同，那就是人有情感、意識、信念，而電腦則沒有，至少目前的電腦沒有情

感,也沒有意識,更沒有信念。筆者不是生物方面的專家,不能肯定地說情感、意識、信念百分之百來自大腦,但是如果某個人做了心臟移植的話,其情感、意識和信念應該不會改變,至少不會改變很多,最多也只是有點影響罷了。

實際上,電腦只是人類大腦認識自然、探索自然、改造自然的一個有力工具而已。

7.1.2
人的靈魂是什麼

維基百科是這麼解釋靈魂的:靈魂,在從古至今的宗教、哲學和神話中,被描述為決定前生今世的無形精髓,居於人或其他物質軀體之內並對之起主宰作用,是一種超自然現象,靈魂亦可脫離這些軀體而獨立存在,也有人認為靈魂是永恆不滅的。

假如用現在已經普及的電腦通訊語言來描述,靈魂也許是這樣的:由經驗、經歷、知識這些記憶性數據為依據,結合思考之後的智慧邏輯演算法而形成的大腦對某些事物的發展趨勢的判斷,或許也包含了大腦記憶的雲端儲存式數據。

那麼,人們所說的「靈魂出竅」能否實現呢?這個問題的技術性答案可閱讀本書第 10 章。

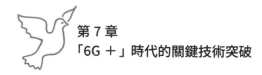

7.1.3
腦機結合的實現

2016 年，特斯拉的馬斯克成立了一家叫作 Neuralink 的公司，專注於腦機介面（Brain Machine Interface，BMI）的研發。NeuraLink 的研發人員把晶片裝置嵌入到了猴子的大腦裡面，外部裝置則根據猴子大腦活動時發出的腦波（或者叫意念）而做出反應。2021 年 4 月 9 日，馬斯克公開了裝有腦機介面 BMI 的猴子透過念力打乒乓遊戲的錄影，這隻名為 Pager 的猴子的腦裡被植入了 N1-Link（也叫 N1 SENSOR）的裝置，馬斯克有時候把這個 N1-Link 叫作注入裝置。

美國的臉書公司（Facebook，2021 年 10 月宣布改名為 Meta，即元宇宙）也在 2019 年收購了開發非侵入式腦機介面的初創公司 CTRL LAB，開始注重新型人機介面的研發。

在電腦、通訊領域，人們非常熟悉硬體（Hardware）、軟體（Software）之類的說法，其實我們在使用社交媒體時也在使用硬體和軟體這些東西，你的手機就是硬體，裡面的 App 就是軟體。

現在一些先驅者正在努力研發一種叫作 WetWare 的裝置，一面可以連線人體的細胞組織，一面可以連線類似半導體的數據匯流排，它大多用於人工智慧或專家系統的實驗室

中，以電腦來模擬生物的結構及行為。

筆者把 WetWare 擴展為連線人體組織型光電倍增纖維的一種裝置。這樣的 WetWare 就可以把大腦（或其他肌體組織）和外部機器連線起來，即實現 BMI，也許可以擴展解釋為 Body Machine Interface。

其實早於馬斯克的 NeuraLink 公司，美國在 2013 年就撥款 45 億美元啟動了「腦科學計畫」（Brain Initiative），由美國國立衛生研究所（National Institute of Health，NIH）研發嵌入式腦介面。「腦科學計畫」也好，馬斯克的 NeuraLink 公司也好，其目的就是控制大腦的思維，即對人類進行洗腦（Mind Control）。「腦科學計畫」很可能用於戰場上的士兵，透過控制其大腦，可以讓士兵幾天幾夜時刻精神抖擻地在前線打仗，絲毫沒有疲憊的感覺。

馬斯克的 NeuraLink 公司聲稱其技術可以用於身心障礙人士的康復等用途。

據報導，美國軍方早就開始實驗在人腦內植入電腦晶片，希望能夠治療那些患有「創傷性壓力症狀」的美國大兵。

筆者認為，這樣的技術成熟後廣泛用於民生，用於和平才是人類科技進步的福音。

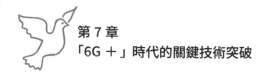

7.1.4
從觸覺互聯網到五感網路

上面講到 6G 時代會出現觸覺互聯網，其實人有觸覺、嗅覺、味覺、視覺和聽覺。筆者預測，到了「6G ＋」時代，在生物科學、電化生物科學、腦科學、WetWare 等技術的發展下，人類可以實現能夠傳遞觸覺、嗅覺、味覺、視覺和聽覺的五感網路。

有許多行腳節目會介紹各個國家的美食，然而，我們透過電視看到了美食，還是不知道美食的真實的鮮味、香味和嚼勁，因為電視媒體這個資訊溝通的方式無法傳遞味覺、嗅覺、觸覺這三種人體感覺的訊息。

但是到了「6G ＋」時代，五感網路電視可以把這幾種感覺的訊息全部傳遞過來，觀眾在家裡看電視，可以「聞到」美食的香味，可以「品嘗」到美食的鮮味和嚼勁。將實地的報導人員聞到的，即透過嗅神經系統和鼻三叉神經系統整合到大腦的嗅覺訊息，透過 WetWare 數位化之後，傳達到觀眾，再透過觀眾的 WetWare 傳到觀眾的大腦，同樣地，現場的報導人員把品嘗到的鮮味和嚼勁感覺傳到觀眾的大腦，該資訊再次作用於觀眾的舌頭上的味蕾，或者直接在大腦裡面作用於神經觸覺而引起觀眾的感官反應。當然能否 100 ％地把這樣的五感傳遞到對方，取決於取樣的精確度，Wet-

Ware 匯流排的傳遞能力，WetWare 對人體大腦組織的調製解調精度，人類對大腦神經、神經觸覺的認知和刺激手法以及大腦關聯技術。

如果真能夠實現完美的五感網路的話，那麼我們足不出戶就可以品嘗世界各地的美食，逼真地遊玩各地的名勝古蹟了。

> 本節小結：期待人類早日使用電腦理論來揭開腦的祕密。

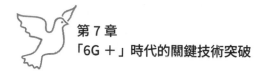
7.2
量子資訊科技的突破

　　量子是 1900 年由德國物理學家馬克斯・普朗克（Max Planck）提出的概念，是指一個物理量不能再繼續被分割的最小單位。量子概念的引入誕生了不同於經典物理體系的量子物理學。1905 年愛因斯坦把量子的概念引入到了光（即電磁波）的傳播解釋，並提出了「光量子」的理論，光同時具有「粒子」和「波」的特徵，也就是「波粒二象性」，在「波粒二象性」基礎上愛因斯坦進一步地發現了「光電效應」，且榮獲 1921 年的諾貝爾物理學獎。

　　量子資訊是量子科學和資訊科學交叉的新興學科，包括量子計算、量子通訊和量子感測三大方面。最近幾年量子加密和量子通訊非常熱門，常常可以看到媒體上的報導，筆者認為以下的技術有望在不遠的未來得以實現。

7.2.1

量子電腦

目前傳統的電腦在處理「0」和「1」的數據時，用的就是半導體，利用半導體介於絕緣體和導電體之間的特性來做訊息處理。其實，傳統電腦本質上就是在不斷地處理「0」和「1」的演算，只是其速度非常快。例如大家熟悉的英特爾的 Core i5 中央處理器，基本上可以達到 4 ～ 5GHz 的處理頻率，也就是 i5 的晶片可以進行 4 億～ 5 億次 /s 的計算。

量子電腦是利用量子力學的原理來進行高速數學和邏輯運算、儲存及處理量子資訊的新型電腦，由量子電晶體、量子儲存器、量子效應器等硬體組成。

2017 年，IBM 釋出了可以擁有 17 個「量子位元」的量子電腦，使得人類對量子電腦的應用有了真正的期待。擁有 17 個「量子位元」的量子電腦，顧名思義，是指可以同時計算 2^{17} 的模式，相當於 131,072 臺的 16 位的電腦的能力。

由於量子電腦超大的計算能力，美國、日本、中國、歐洲的政府、企業、大學、科學研究機構都在大力研發量子電腦。

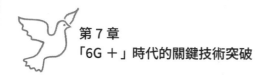
7.2.2
量子加密

量子加密是由 IBM 的研究人員 Charles Bennett 和加拿大人 Gilles Brassard 在 1984 年最先開始研究的。在該領域被研究最多的是量子金鑰的分發（Quantum Key Distribution，QKD），即利用量子原理進行金鑰的生成，然後將其用於經典加密、混合加密以及密文的解密來使得數據傳輸得以保密。資訊之所以需要保密，是因為在數據傳輸過程中竊取者的竊聽會導致誤位元速率大幅上升，因此需要確保所用的密碼沒有被竊聽者竊取，能發現竊聽利用的就是量子物理中海德堡的測不準原理。在量子加密系統裡，當竊取者企圖偷看光量子想獲取金鑰的時候，都會改變它，而被發送者或接收者察覺，因此，物理學家利用這種特徵構造出 QKD 協定，使得竊聽者竊聽不到金鑰，如果發現被竊聽，則放棄傳輸；如果確認沒有被竊聽，則可將傳輸的數據更新為金鑰，認為可以做出無法破解的祕密金鑰。

7.2.3
量子隱形感測

量子隱形感測是利用量子糾纏的物理現象做遠距離的通訊，靠的是愛因斯坦時空理論中的「幽靈般的超距作用」，

愛因斯坦在其論文中描寫到：根據量子力學可以推斷出，對於一對出發前有一定關係，但出發後完全失去連繫的粒子，對其中一個粒子的測量可以瞬間影響到任意距離之外另一個粒子的屬性，即使二者間不存在任何連線。其實這就意味著一個粒子對另一個粒子的影響速度竟然可以超過光速，愛因斯坦將其稱為「幽靈般的超距作用」。聰明的讀者或許馬上就會意識到，這不是愛因斯坦自己跟自己過不去嗎？因為在愛因斯坦的相對論中，電磁波／光的傳輸速度最大就是光速 c，即 30 萬 km／s。

那麼人們自然會想到，如果利用超過光速的量子糾纏來做通訊的話，是不是就可以超過光速來做訊息傳遞了呢？如此這般，飛出太陽系的「航海家 1 號」宇宙探測儀就不會失聯了，人類在火星上的探測器可以實時和地球上的指揮中心溝通聯繫了。

除此之外，量子區塊鏈和量子區塊鏈系統等均可有望在「6G ＋」時代實現諸多應用。

7.2.4
中微子通訊

中微子在英文中叫 Neutrino，是奧地利科學家沃夫岡·包立（Wolfgang Pauli）在考察 β 射線衰變的時候，發現的能量／質量不守恆的奇怪現象。包立認為，有一種靜止質量為零

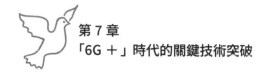

的電中性的新的粒子釋放了出去，並且帶走了一部分能量。在 1931 年的國際核物理會議上包立把它命名為「中微子」。

1987 年由東京大學教授小柴昌俊負責的研究組，在日本岐阜的神崗實驗室的地下 1,000m 的深礦裡，利用巨大的光電倍增管發現了 11 個來自宇宙的中微子，這也是第一次人類發現地球外過來的中微子。其實那是在 16.8 萬年之前，在我們的銀河系邊上的一個叫作大麥哲倫星系裡面發生了一次超新星爆發，這些中微子和其他光子一同，經過了 16.8 萬年的宇宙旅遊後到達地球，被神崗實驗室的光電倍增管捕獲了，小柴昌俊教授也因此獲得了 2002 年的諾貝爾物理學獎。

不過，這 11 個中微子比光要早 3 小時到達了地球。小心翼翼的日本人在發表論文的時候，稍微曖昧地提到了這些中微子似乎比光要早到了 3 小時，不敢大聲說中微子比光快的現象，因為在主宰著現代社會的相對論的物理體系中，任何東西的速度都不可能超過光速。由於中微子屬於輕子，帶有非常小的質量，要想到達光速，必須有無限大的能量，這是不可能的。

然而實驗是嚴謹的，為了解釋這一現象，有物理學家提出了反物質、逆時間的概念，認為中微子在到達地球前經過了一個反物質和逆時間的某個參照系，那裡的時間是反向的，到達我們地球前逆時間飛行了 3 小時，故在我們的宇宙中就出現了中微子早到的現象。

　　利用這個假設，未來人類在人工製造出反物質介質的基礎之上就可以實現比光速還要快的中微子通訊了。那時候和火星上可以進行實時通訊，全像的火星 —— 地球遠端會議或許就像疫情期間的遠端會議一樣，變得非常普通。

　　當今的物理學家認為，中微子通訊的優勢在於傳輸的距離幾乎可以達到無窮遠，但是其缺點是很難調控，載入訊息也非常困難，同時由於測量中微子很難，故預計接收中微子也會非常困難，期待未來的人類能夠解決這些困難，進入中微子通訊的新時代。

　　本節小結：量子資訊科技未來可期。

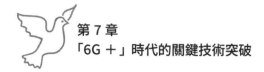

7.3
人工智慧的進化

對於智慧這個東西，其實《聖經》（*Bible*）裡面有描述。

7.3.1
伊甸園裡的亞當與夏娃

《聖經》裡面說到，耶和華在中東的二河流域的長滿花果的伊甸園裡，花了 6 天時間用泥土造了一個男人 —— 亞當，又用亞當的一根肋骨造了一個女人 —— 夏娃。伊甸園裡除了各種花果還有兩棵大樹，分別是生命之樹和智慧之樹，如果吃了生命樹的果子，人可以長生不老；如果吃了智慧樹上的果子，人就可以有智慧：懂善惡，明是非。第七天，神累了，為了休息就出去了（後來延續為人類現在的週日休息制度）。臨走前神對亞當和夏娃說：「你們可以吃園子裡的所有果子，唯獨不能吃智慧樹的果子，那是禁果！」說完後，神就離開了。

亞當和夏娃由於沒有智慧，不知羞恥，每天赤裸裸的，

品嘗著伊甸園裡的各種果實。他們自由自在，無憂無慮，為各式各樣的動植物取名稱號，飛禽走獸、果樹鮮花，凡無名者就賦予名分。亞當和夏娃就這樣在伊甸樂園中幸福地生活著，同時做著上帝交代的工作。

有一天，在蛇的誘惑下，他們吃了智慧樹上的果子，那就是偷吃禁果的故事。由於吃了智慧樹的果子，亞當和夏娃有了智慧，知道了羞恥，用樹葉遮住了隱私部位，於是人類就穿起了衣服這個東西，這也是地球上所有動物中人類獨有的「智慧」。或許人以外的其他動物是不知羞恥的，因為牠們從來不穿衣服，整天赤裸裸地生活著。

神回來後對違背自己囑咐的亞當和夏娃非常生氣，本應該處死他們，但是神是慈悲的，最終還是不忍心處死自己造出的亞當和夏娃，於是作為懲罰，神把亞當和夏娃趕出了美麗的伊甸園，讓他們去過農耕生活，生息繁衍，這就是人類農業社會的開始。

由於亞當和夏娃沒有偷吃生命之樹的果子，於是人類不能長生不老，但是人類是有智慧的，有思想的。

《聖經》中的這個故事，或許在提醒我們，有智慧的東西可能會產生麻煩，儘管神沒有明示。

當今有智慧的人類在主宰著這個星球，那麼對於其他有智慧的東西的出現，會有什麼想法呢？

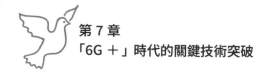

7.3.2
人類對人工智慧的恐懼

幾年前有報導稱，臉書公司的人工智慧研究所的研發人員在討論如何對兩個聊天機器人進行語言對話策略更新的時候，竟然發現聊天機器人自行發展出了人類無法理解的獨特語言，並且這兩個機器人已經開始用機器人自己創造的語言在對話，人類既聽不懂，也無法下命令，更可怕的是，聊天機器人竟然無視程式員下達的指令，研發人員不得不拔下電源，臉書立刻停止了這一專案的研究，理由是「擔心可能會對這樣的人工智慧失去控制」。

2017 年，英國物理學家、黑洞（Black Hole）研究者史蒂芬‧霍金（Stephen Hawking）說：「成功創造有效的人工智慧，可能是人類文明史上最重大的事件，但也可能是最糟糕的。我們無法知道人類是否會得到人工智慧的無限幫助，或者是被蔑視、被邊緣化，甚至被毀滅」。

就像由於偶然的發聲器官的特點，我們智人在十幾萬年內淘汰了其他所有人種一般，由人類自身創造的人工智慧未來會不會把它的祖先也淘汰了呢？這就是霍金的警告！

微軟創始人比爾蓋茲也曾說：「人工智慧的機器確實可以幫助人類完成很多工作，但當機器獲得超越人類的智慧的時候，它們或許將會對人類的存在造成威脅」。

對於人工智慧，人類當然有擔心，也一樣會有期待，只是立場、觀念等不同而已。

7.3.3
人類對人工智慧的期待

有許多的專家學者對於人工智慧抱有很大期待，相信人工智慧可以造福人類，人工智慧為消除飢餓和貧窮，改善地球的自然環境提供了前所未有的機遇，還專門召開「人工智慧造福人類」系列峰會，認為只要正確利用人工智慧即可。

或許由於，人工智慧的出名是在圍棋上贏了人類，造成了人工智慧和人類競爭的感覺，故人類擔心萬一人工智慧有了自己的主見後，會秒殺人類。但是，許多學者認為，人工智慧在許多方面會比人更優秀，就像工業時代的機器一樣，無論是機床也好，腳踏車也好，汽車也好，都可以和人協同工作，那麼人工智慧一樣可以成為人類的合作者，而不是競爭者。

7.3.4
高度發達的人工智慧必然來臨

人工智慧離不開網路，其訊息的收集流通可以由 AI 終端裝置和 AI 網路來承擔。

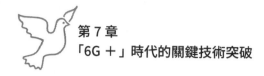

第 7 章
「6G ＋」時代的關鍵技術突破

　　筆者相信，在 5G、6G 時代的大數據技術累積的基礎上，隨著「6G ＋」的體聯網等各種科技發展，高度發達的人工智慧必然會來臨，不管讀者擔心也好，恐懼也好，科技的進步應該是人類文明發展的必然。那時候人類也許會把 AI 搭載到人的大腦上，或者把 AI 機器人融合到人體上，即半機械人（Cyborg）就會出現。

　　例如利用安裝或連結在人體大腦裡的 AI 翻譯程式，並實現人類各種語言之間的無翻譯實時交流，當對方用地球上的任何語言說話時，利用大腦裡的 AI 翻譯一下，聽起來其實就是對方在用自己的母語說話。

　　當然也會慢慢形成人類心靈感應網，筆者認為正是人類的心靈感應網必然會帶給人類文明史質的飛躍。

　　期待著某一天，諾貝爾獎得主中有好幾位「AI」。

　　不知道那時候站在斯德哥爾摩諾貝爾獎臺上的，很可能是裝有 AI 系統的機器人會發表什麼樣的獲獎感想呢，AI 機器人會不會攜夫人出席頒獎儀式呢？

7.3.5
人工智慧和外星人

　　人工智慧其實是在人類現有的知識、規律和數據的基礎上，利用電腦的強大的計算能力和科學家發明的新的演算

法，例如深度學習等，來加速度地創造新的文明，加速人類文明的進化疊代，AI 會不會得諾貝爾獎之類的議論就是代表之一。「6G ＋」時代的 AI 能力已經可以開始探索宇宙，解密宇宙的諸多奧祕。用 AI 裝備過人腦的人類其實很可能非常接近我們想像中的外星人的樣子了。

人類其實還沒有真正見過外星人，只是想像中的外星人具有高等智慧，比人類的技術水準高出很多量級。如果地球上出現了外星人，有高機率可以認為外星人早就掌握了外星人的人工智慧，像人類那樣形式的活生生的外星人來到地球的可能性反而不大。就像人類探索火星一樣，在送人去之前，一般送探測儀先去看看那裡是什麼樣的，因此送一個人工智慧型手機器人去是非常自然的。

不過如果外星人真的來到地球的話，有高機率對人類是不利的，畢竟是別的種，或者是別的屬，與人類對抗的可能性應該大於合作的可能性。

人類應該在外星人到達之前，開發AI，達到AI奇異點，以地球人去當外星人的形態去探索宇宙。

本節小結：未來人類只能習慣與機器人和 AI 的相處。

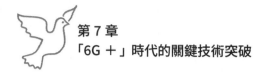
7.4
再次思考人類溝通的重要性

7.4.1
三人行必有我師

假設智人沒有複雜語言的溝通和交流，只是和其他人種，像尼安德塔人，單打獨鬥的話，或許現在統治這個星球的不是我們人類，而是尼安德塔人。當然這種假設已經不會存在，因為時間機器還沒有發明，我們無法回到過去，只能沿著時間的流逝向著未來前進。

然而，交流溝通（Communication）使得智人能夠被譽為有智慧的人種，憑著這一點，智人的歷史，即人類的歷史已經是確鑿的事實。

聖人孔子在《論語》中講道：「三人行必有我師，擇其善者而從之，其不善者而改之。」人類正是由於這樣的個體之間的交流、溝通、學習、改進，才被譽為有智慧的人。

「學習使人進步」這是人人都知曉的，而「學習」就是透過訊息的獲取來充實自己大腦的數據庫，透過吸收好的思

維方式來改善自己大腦的邏輯演算法，方能陶冶出高尚的情操，日之「進步」。

當人們把一件新事情做成時，總結的時候或許會說，99%的努力加上1%的靈感，所謂的靈感就是新意的思考和發現，而靈感往往大多數來自人與人之間的交流，某人的一句話，一個動作，一個暗示等或許會激發另一個人的靈感，讀者應該聽過這麼一句話：「在對話中碰撞出新的靈感。」

7.4.2
說說天才

所謂的「天才」，本質上具備「能夠從大腦龐大的記憶庫中瞬間抽出一部分，靠著一瞬間的推理能力，把隱含在事物中的某些規律性的法則給尋找出來」的能力，其實筆者認為這些「天才」，除了本能的大腦細胞的觸覺反應比較快之外，有可能透過其日常思考，或吸收消化大量的知識，或者叫訓練，在大量的腦細胞觸覺中建立索引（在數據庫中叫索引鍵），所以「天才」的反應非常之快。而所謂的「普通人」只能在大量的訊息中做漫無邊際的無索引掃描檢索（尋找），那自然會花太長時間，或者說在有限的時間內根本找不出規律或答案，這就是「普通人」與「天才」的區別。

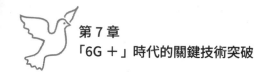

7.4.3

腦內數據的挖掘

近年來，大家經常聽到大數據這個說法，利用大數據人們可以更好地了解過去（比如過去發生了什麼，以及如何發生的），更好地了解現在（比如正在發生什麼，以及如何發生），更好地了解未來（比如預測將會發生什麼，以及如何發生）。

大數據在當今世界中已經被認知和保護，各國已經相繼發表了數據保護法等法律法規。

如果說物聯網大數據（Big Data）是 5G 時代的石油的話，那麼筆者認為人體的腦內大數據（BD，Brain Data）則是「6G ＋」時代的黃金，或許應該說腦內數據其實一直是寶藏，只是人類目前為止一直沒有有效地挖掘而已。

在「6G ＋」時代，透過 WetWare（即人體組織型光電倍增纖維）的腦機連結，精確獲取大腦神經的突觸訊號，量化記憶痕跡，可以讓人體自身成為網路的一部分，那就是數據量巨大的腦際網的形成過程，人人可以自由自在地高速搜尋所需的訊息，人人皆具備「天才」式的聰慧或許變得很平常，那麼透過腦際網溝通，碰撞出火花，出現靈感的機率會大幅度上升。

有句古話說「三個臭皮匠，抵一個諸葛亮」，我們試想

一下人類的腦際網：擁有千萬個愛因斯坦、達文西、牛頓、
霍金水準的大腦，和別的近一百億個智慧人類的大腦透過腦
際網路的實時連結一定會碰撞出超高超智慧的結晶。

本節小結：大腦是智慧的寶庫，如何挖掘是關鍵。

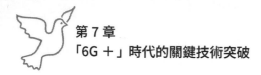
7.5
生物醫療 —— 大腦意識辨識技術的突破

7.5.1
微型治療機器人的普及

在「6G ＋」時代，各種多分子功能型機器人，例如冠狀病毒型生物機器人等相繼出現，大多數疾病，可以透過「病毒手術」進行無痛治療，那時候所謂的手術基本上不用手術刀了。

✦ 1. 病毒手術之癌症治療

如果人得了癌症，目前人類醫療的治療方法，大概有以下幾種：

❯ 手術切除。

❯ 放射線照射。

❯ 化學藥物療法。

❯ 重離子照射（標靶治療）。

❯ 其他心靈療法，中醫藥物等。

在「6G＋」時代，對於癌症的治療基本上就可以用多分子功能型機器人來進行「病毒手術」，筆者設想有如下方案：

1. 在人體內輸入帶有殺死癌細胞的冠狀病毒型生物機器人，這種病毒性機器人能夠侵入到癌細胞的表面，釋放化學藥物，可以達到抑制癌細胞的增長的效果，端掉癌細胞的老窩。

2. 在人體內輸入能切斷癌細胞周圍血管供養的微型生物機器人，這個機器人的目的就是切斷癌細胞周圍和人體組織相連的血管，即停止癌細胞的供給，達到消滅癌細胞的功能。

3. 在人體內輸入一種特別的治癌冠狀型病毒，這種病毒找到癌細胞後，就把正常的 RNA 注入到癌細胞裡面，能夠把癌細胞變成正常的細胞。

2. 永保健康，延年益壽

技術進步了，社會發展了，人們自然會對健康越來越關注，對於壽命越來越珍惜。

微型治療機器人普及能夠及時梳理人體的問題，讓人體的各種組織、器官時刻處於最優狀態，達到人類永保健康，延年益壽，壽命達到幾百歲的社會形態。

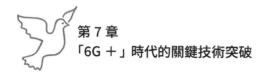
7.5.2
與狗交流，對牛彈琴

上帝創造了萬物，總有其用處，人有意識，但或許意識不是人類一家獨有的，人之外的動物有沒有意識呢？人類能否和動物之間溝通，或者進行意識通訊呢？

上面提到的 WetWare 的試驗，首先就是從動物開始的，比如猩猩等類人類動物，這些動物的腦波、腦意識在「6G ＋」時代大部分已經被人類所掌握。這時與動物之間的意識溝通也會變得有可能，那麼人類會首先和哪些動物溝通呢？

除了猩猩之外，人類或許要和人類最忠實的夥伴 —— 狗做意識溝通，人類圈養的寵物中狗應該是最多的，故曰：狗通人性。

如果把上述技術用到牛身上，那麼如果人對牛彈琴的話，牛或許會高興地跳起踢踏舞來。我們的成語「對牛彈琴」可能要重新解釋解釋了。

> 本節小結：「6G ＋」時代，人類可以延年益壽，永保青春。

7.6
網路讓人變得更「智慧」了嗎

7.6.1
用 ICT 眼光看「智慧」是什麼

　　智慧是人類生命活動中所具有的基於生理和心理器官的一種高級創造思維能力，包含對自然與人文的感知，理解，分析，判斷，記憶等所有能力，智慧是人體大腦器官的綜合終極功能的表達方式。

　　智慧也沒有具體的指標來衡量，人們也可以理解成「聰明」，「智商」高。

　　智慧有具體的表達方式，例如三國演義中的諸葛亮能夠上知天文下通地理，火攻曹軍的計畫其實在諸葛亮第一次見周瑜的時候已經胸有成竹了，這樣的人被譽為有智慧。智慧中含有記憶的成分，魯肅去拜訪諸葛亮時，看到諸葛亮在看二十四節氣圖，有點不解，問諸葛亮節氣圖有什麼用，諸葛亮談起了「用兵之道」，其實就是從許多許多的訊息中，諸葛亮在尋找對赤壁之戰有用的氣象訊息。

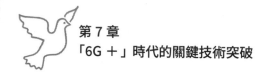

　　在訊息能被信手拿來的網路時代，人類可以隨手收集各式各樣的訊息，比起古人來說，我們已經很「神」了，從這種意義上來說，網路時代人類變成「更具有智慧的智人」了。

　　然而，記憶、資訊量只是智慧中的一個部分，如何理解，分析，判斷等能力更為重要，如果人腦只收集訊息，沒有去「動腦」，去「思考」的話，人類不能變得智慧。

7.6.2
人腦能處理得過來大量的訊息嗎

✦ 1. 為什麼看到蘋果認為是蘋果

　　人類是透過視覺獲取大量的訊息的，成人大腦由 200 億個神經元構成，加上小腦裡面的 700 億個神經元，成人的腦大概有接近 1,000 億個神經元。其中初級視覺皮層有 1 億 4 千萬的神經元細胞，每個神經細胞平均要和其他的上萬個神經細胞相連，人們透過視覺看到的景象，就是在人類的腦袋中透過這幾億個或幾十億個神經細胞在做「影像處理」。你之所以看到蘋果時認為這是蘋果，能夠準確地回到自己的家裡而不會走錯門，能夠認識自己的父母、親戚朋友而不會隨便叫別人「爸爸」、「媽媽」，其實就是因為你的腦袋把眼睛看到的一切在腦海裡面做高速的「影像辨識」、「影像檢

索」。當你見到一個陌生人的時候，你的大腦在完成「影像處理」後在急遽地搜尋著，試圖找出匹配的「人物影像」，很遺憾，對於陌生人，你再努力也檢索不到相關資訊，於是就會出現「頓」住的現象，嘴上會說：「您是 ... ？」，其實就是不認識對方時的一種表現。

由此可見，人類智慧的重要特性之一，是綜合利用視覺、語言、聽覺等人的各種感知訊息，從而完成辨識，推理，設計，創新，創造，預測等功能。

✦ 2. 人腦的處理能力的極限

據科學家推算，人的大腦涉及視覺方面的計算能力為每秒 6e ＋ 13 左右。如果我們看高畫質電視的時候，電視畫面按照每秒 30 幀來計算的話，一秒鐘的高畫質電視畫面大概含有：$1,920 \times 1,080 \times 30 \times 32 = 2e + 9$ 個的畫素點（含 32 位的色素訊息），我們的大腦還是比較容易處理的。

再看看未來 16K 的超超高畫質電視，為了流暢，每秒可能有 240 幀的影像在播放，計算一下畫素：$1920 \times 1080 \times 4 \times 4 \times 4 \times 240 \times 32 = 1.02e + 12$ 個的畫素點，加上「影像檢索」等執行緒，其實人腦已經基本處理不過來了。所以，人的眼睛只能看 16K 電視裡面的一小塊部分，別的大部分就只能忽略不看了，因為無法處理這麼多的影像訊息。而人類可以利用新的人工智慧工具大幅度提高人類的智

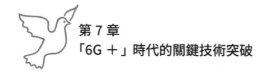
力、活動能力，在博弈、辨識、控制、預防等領域實現接近或超越人腦的智慧。

✦ 3. 人腦的處理能力的拓展

到了「6G ＋」時代，在 WetWare 等高度發達的腦機介面技術的幫助下，筆者期待人們可以盡情觀看 16K 乃至 32K 的超超高畫質電視，或者 3D、VR、全像影像。人類可以藉助腦機介面將大腦處理不了的大部分訊息交給外部電腦算力來處理，例如使用輝達的超速顯示卡等，再把處理後的結果訊息傳回腦神經細胞組織。

或許好吃懶做的人們思索：「那我就什麼也不用想啦，全等著外部運算能力幫我算就可以啦。」或許這也是一種生活方式吧，即「6G ＋」時代的躺平。

但是更多的人還是會開足腦神經馬力去思考，觀看未來超多訊息的景象，或許經過幾億年進化而來的動物的腦神經細胞 —— 人腦的潛力在這樣的持續不斷的激發下可以被挖掘出更高的智慧！

用進廢退的原理應該會使得人類在行動網路的刺激下會越來越智慧。

7.6.3
處理訊息需要大量的能量

其實無論是腦也好，電腦也好，未來的「6G＋」網路也好，只要處理大量的訊息，就會消耗能量。

看書看多了，會覺得累，總是習慣地會去揉揉太陽穴，希望緩解一下疲勞，而這種累和跑完 3,000 公尺長跑的累應該是完全不同的。

同樣地，電腦或手機在處理大量訊息，例如連續觀看影片後，會發燙，這時手機的電池已經消耗了許多了。

現在的 5G 的基地臺的耗電比 4G 基地臺的耗電要多許多，怪不得世界上有些地方的無線營運商把建好的 5G 基地臺關起來，其理由就是付不起電費，這樣的報導，讀者或許在媒體上有所耳聞。

以上的場景都在消耗著體能、電池、電力，這些全都是能量／能源。

的確，能量，也就是能源是人類的一個課題。

本節小結：人腦可以變得更加智慧，也需要大量能量。

第 8 章

行動通訊的幕後英雄

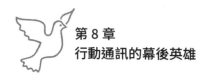
8.1
人類的活動需要能量

　　有句古話說，萬物生長靠太陽。說明地球上的一切都是靠著太陽光的照射方能生長。其實這是有科學根據的，光是一種電磁波，透過輻射或照射把能量帶給了地球。儘管地球只接收到了太陽的總輸出能量的二十二億分之一，但是地球上近七十多億人口吃的食物也主要靠著這太陽照射到地球的太陽產生總能量的二十二億分之一。正是這些本質上是電磁波的太陽光使得地球上的綠色植物透過光合作用，吸收了太陽光的能量，把二氧化碳和水合成為有機物，並放出氧氣。這些透過光合作用產生的有機物就是包括人類在內的所有動物的能量來源。

　　其實包括通訊在內，人類在地球上的所有活動都需要能量。

8.1.1
人體活動需要能量

　　人類的一切生命活動需要能量來支撐，有的讀者應該聽到過「人是鐵，飯是鋼，一日不吃餓得慌，三日不吃倒在床」這樣的說法。是的，「吃」很重要，人體就是透過「吃」

來獲取生命活動所需要的能量，能量主要來源於食物，例如碳水化合物、脂肪和蛋白質等，這些有機物質在嘴裡經過牙齒咀嚼，再進入胃後被消化，之後透過腸的吸收，在體內氧化後可提供人體需要的能量。當然素菜也有一定的能量，只是比例比較少，素菜含有人體所需要的各種其他營養物質，也是不能缺少的。

有機物質經過腸的吸收，加上人體呼吸中吸入的氧氣，在人體細胞粒線體中產生二氧化碳和水，同時釋放出能量（熱量）供人體利用，維持體溫，支持大腦、肌肉等人體各種組織器官的生理活動，如果每天攝取的能量大於消耗的能量，那麼人體會把這些能量儲存在脂肪裡面，以備後用，假如這種情況持續，那麼這些脂肪會越來越多，這就是肥胖的來源。

8.1.2
人類社會的許多工具需要能源來驅動

能源就是指能夠提供能量的資源，現代人類社會的許多工具都需要能源，例如：

（1）各種交通工具

汽車、火車、飛機、船舶等各式各樣的交通工具都需要電能，或者直接燃燒煤炭、汽油等化學能。

第 8 章
行動通訊的幕後英雄

（2）各種照明

愛迪生發明的電燈照亮了夜晚的地球，無論是現在的
LED 燈，白熾燈，還是各式各樣別的形式的照明裝置，都需
要電能。當然有些汽油燈、煤油燈是直接燃燒化學能。

（3）各種取暖製冷的空調裝置、家裡的烹飪裝置

北半球寒冷的冬天取暖使用的各種空調裝置都需要能
源。俄羅斯的天然氣就是歐洲許多國家冬天取暖的必需品。

（4）工廠裡面的各種機器

工廠裡面的各種機器其實都需要能源，大多需要電能。

（5）農業的許多工具

農業的許多工具像拖拉機等，也都需要油才能開啟。

（6）現代生活的伴侶 —— 手機

開啟手機的蓋子，大概可以看到的情況如下圖所示。

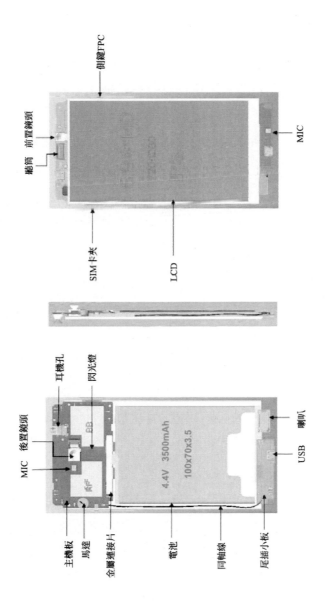

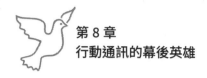
　　可以看到手機基本上由手機的中央處理器（CPU）、影像晶片（GPU）、記憶體和儲存、話筒、喇叭、手機觸控屏、鏡頭、感測器、藍芽、無線射頻連線模組、卡槽、電池等部分組成。

　　圖中的電池是 3,500mAh（毫安時）容量的電池，基本上屬於中等電池容量，電池的能量供給手機的 CPU、射頻天線等元裝置的整體工作，才能使得我們可以使用 Line 聯繫，觀看影片，使用行動支付付款等。如果電池沒了，手機也就無法使用了，所以得讓電池補充能量才行，這就是充電。我想現在人們基本上每天都需要幫手機充電。

8.1.3
通訊基地臺等裝置需要大量能源

　　在全球，約有一半的能源用於發電，其餘的一半用在動力，取暖等。目前在通訊先進的國家，通訊裝置用的電力已經接近到了全部電力的 10％，隨著 5G 和未來 6G 的發展，預計通訊用的電力可能要占據電力總量的 40％以上，每一個基地臺在 24 小時地工作，機房裡面的通訊裝置也是不停地在工作，機房和數據中心內的裝置還需要空調裝置，均需要 24 小時不停地工作方能保障通訊系統的暢通。

　　如此大的電力消耗也是各大營運商頭痛的問題，當今社

會中我們所說的各種電子裝置、電器等,只要名稱帶電的:電視機、電冰箱、電子琴、電毯、電爐、電飯鍋、電腦、電動車等都需要電才能工作。

能量那麼必要,那麼人類可以創造能量嗎?

答案當然是可以的,不過,能量有著其物理特徵。

8.1.4
熱力學能量守恆定律

所有的能量都有一個規律,這就是熱力學第一定律的能量守恆定律,指的是在一個封閉的系統中,系統所有的能量既不會憑空產生,也不會突然消失,能量只能從一種形式轉化為另一種形式,或者從某一個物體轉移到別的物體,但是系統能量的總和一定保持不變。

用煤燒水的例子看能量的轉變:當煤燃燒時,其實就是把化學能轉變成了熱能,將能量傳到了水裡面,所以水的溫度就會升高,到了沸點也會沸騰。

那麼,煤又是怎麼累積其化學能量的呢?

煤炭是千百萬年來植物的枝葉和根莖,在地面上堆積而成的一層極厚的黑色的腐殖質,由於地殼的變動不斷地埋入地下,長期與空氣隔絕,並在高溫高壓下,經過一系列複雜的物理化學變化,形成的黑色可燃沉積巖,這就是煤炭的形成過程。

如果有讀者繼續刨根問底地問，既然能量是守恆的，那麼煤炭的能量應該來源於千百萬年前的那些枝葉和根莖，但是枝葉和根莖又是如何累積能量的呢？

其實，枝葉和根莖的能量來自於太陽的光，46 億年前誕生的地球就一直在享受著太陽的恩惠，即接受太陽的光照。千百萬年前的那些枝葉和根莖正是在陽光普照下透過光合作用吸收了光的能量，把無機的二氧化碳和水轉換成了有機物，儲存了化學能。

打破沙鍋的讀者或許繼續問，太陽又是如何獲得能量的呢？

答案是：太陽利用了氫（H）的兩種同位素氘（^2H）和氚（^3H）的聚變獲得了巨大的能量。通俗的說法可以是：太陽利用其內部每時每刻都在爆炸著的成千上萬的氫彈來獲取能量。我們人類在形容太陽的時候會說，火紅的太陽、火辣辣的太陽、灼熱的太陽等，確實非常逼真。

既然能量那麼重要，那麼人類如何獲取能量的來源，即能源的呢？如果你問氫（H）、氘（^2H）、氚（^3H）是怎麼來的？那麼只能去學習關於 138 億年前的宇宙大爆炸了。答案是由能量轉換而成的。

本節小結：人類其實始終在為能量／能源問題而煩惱。

8.2
能源問題可以被完全解決嗎

8.2.1
靠天吃飯

地球上的人，主要靠太陽光的照射，特別是農業，主要靠天公作美方能取得糧食豐收。當然人類很早就知道生火來取暖，加熱，煮飯煮菜，而農民也基本上靠秸稈、樹木等天賜的植物燃料來生火。

8.2.2
化石燃料以及電能在支撐著現代生活

化石燃料也叫礦石燃料，主要包括煤炭、石油、天然氣。近二三百年來直到今日，人類主要依賴著這些化石燃料以及化石燃料發出的電能在維持 80 億地球人口的生活，至少是現代生活。

而化石燃料是有限的，隨著人類巨大的消耗量，和有限的儲存量相比，導致化石燃料在急遽減少，也引起了地緣政

治的風波，中東之所以成為火藥庫，一個很大的原因就是中東有石油。最近俄羅斯天然氣輸往歐洲的北溪二號也成為歐美和俄羅斯博弈的籌碼。同時煤炭、石油等化石燃料在用於發電時產生了大量的二氧化碳，引發了地球溫暖化等諸多問題。

8.2.3
地球溫暖化

近年來，地球溫暖化的問題也成為人類關心的顯著問題。地球溫暖化有許多原因，其中最重要的應該是溫室氣體的排放，而二氧化碳占據了溫室氣體的大部分，超過了四分之三，主要是工業革命以後由於工廠大量使用化石燃料，使得大氣中的二氧化碳濃度提高，造成了地球溫度的升高。在20 世紀的 100 年內，海平面上升了 19cm，預計到 2100 年海平面可能還要上升 82cm，這會造成人類居住面積的大量減少，並且溫暖化也帶來全球規模的惡劣氣候，洪水、乾旱幾乎是一年比一年厲害，甚至有人害怕地球會成為第二個無法生活的灼熱的金星。

8.2.4
清潔能源的獲取

為了保護人類共同的家園，最近幾年各國也在大力發展清潔能源。目前主要有以下一些發電種類：

♪ 水力發電。

♪ 風力發電。

♪ 太陽能太陽能發電。

♪ 地熱發電。

♪ 海洋波浪發電。

♪ 生物質發電。

8.2.5
核電站

核電站的原理其實和原子彈類似，是利用鈾等重元素在分裂時（物理上稱裂變）的微小的質量轉化成能量的機理，當時的蘇聯人在 1954 年建成了人類第一座核電站。核電站可以稱為「可以人為控制爆炸的原子彈發電裝置」。

1986 年，蘇聯的車諾比核電站（今烏克蘭境內的普里比亞特地區）發生核事故，造成了整個車諾比地區的封閉和大量的放射性後遺症，使得人們對於核電站的安全性心有餘悸。

2011 年 3 月 11 日，日本福島的核電站在經受地震後造成了爐心坍塌，也叫爐心熔毀（Meltdown），大量的放射性物質洩露到了大氣，海裡，還有福島周邊地區。因此世界各國對核電站的態度也是各不一樣。

雖然核電站發的電對於人類來說是清潔的，但是一旦核電站發生事故，則可能對環境造成極壞的影響，那麼發生事故的核電站周圍就是骯髒的。

8.2.6
人造太陽：托卡馬克 —— 可控核聚變發電

最近人造太陽也在媒體報導中頻繁出現，是利用氕和氘（都是氫的同位素）在極高溫下發生核聚變反應時釋放的能量來做熱交換而發電，其實就是人工可控核聚變發電，也叫托卡馬克，最早是由蘇聯人在 1950 年代提出的概念。托卡馬克是俄語單字 tokamak：它的名字由環形（toroidal）、真空室（kamera）、磁（magnit）、線圈（kotushka）的頭兩個或一個字母拼湊而成。

如果托卡馬克裝置能夠商用並發電成功的話，就被認為是人類的「終極能源」。而核聚變能源的原材料在地球的海洋裡面幾乎取之不竭的，那麼困惑人類的能源問題、氣候暖

化問題或許能夠迎刃而解，人類也許可以不再因為石油等能源問題發生戰爭。

筆者極其期待在未來二十年或三十年內人類能夠得到「終極能源」，從此不再憂愁能源問題。

本節小結：期待人類的睿智慧夠最終解決困惑人類幾十萬年的能量／能源問題。

8.3
默默無聞支持行動通訊的有線通訊技術

在行動網路／無線網路盛行之前，有線網路占著主導地位，真正支撐起了網路的發展，近年來隨著行動網路的發展，特別是 4G 的成熟、5G 的到來和手機的普及，無線通訊的技術成為大國爭霸的焦點，出盡了風頭。

其實有一位無名英雄在默默支撐著我們的無線通訊網路，那就是有線通訊技術。

有線通訊技術從通訊的介質來分大概可以分為銅線通訊和光纖。一般來說光纖用於網路的基礎通訊，可以傳輸大量的數據，銅線則在最後一公里的接入上用得比較多，例如 ADSL 這樣的利用電話線來做數據通訊的服務。當然近年來，光纖到戶（FTTH，Fiber To The Home）也越來越多，許多新蓋的住戶基本上都拉好了光纖，替代了銅線實現高速穩定的通訊服務。FTTH 上最近幾年比較流行 PON 技術，有 E-PON 和 G-PON 之分。

在行動通訊的基幹網路上基本上用光纖在做傳輸（也有很少部分用微波、衛星等手段），波長分波多工技術

（WDM，Wavelength Division Multiplex）是目前比較常用的
傳輸手段。

　　有線通訊技術也非常多，只是人們日常在使用網路的時
候看不到，或不在意這些有線通訊技術而已，但是有線通訊
技術是行動網路的一個重要部分，默默無聞地奉獻著，承載
著現代通訊的大量負荷，5G、6G 速度快這枚動章裡，有無
線通訊技術的一半，也有有線通訊技術的一半。

　　本節小結：有線技術在默默支撐著無線通訊系統。

第 9 章

「6G ＋」時代的人類生活

在各類通訊技術、人工智慧、機器人高度發達的「6G ＋」時代，人類在這個星球上會過著什麼樣的生活呢，進行什麼樣的活動呢？請讀者一起利用時間機器（如果沒有的話，那就用我們的 1,000 億個腦細胞來構築一下），穿梭到「6G ＋」時代。或許有些場景可以實現，或許有些還需要人類繼續努力。

在此首先介紹一下時間的相對性。

9.1
時間是相對的

9.1.1
狹義相對論的誕生

　　西元 1879 年出生在德國的愛因斯坦，在四五歲的時候得到了父親送給他的一個指南針，被指南針的神奇迷住的童年愛因斯坦就被激發出了對物理學的興趣。1900 年從瑞士蘇黎世聯邦理工學院畢業的愛因斯坦沒能留校執教，由於健康欠佳，閉門修練了兩年後進入了瑞士伯爾尼專利局，從事電磁專利的稽核工作。愛因斯坦對馬克士威方程也是愛不釋手，從馬克士威方程求解出來的光速是不變的，無法像牛頓經典力學的速度疊加一樣來疊加光速，這個現象當時困惑著歐洲物理學界。眾所周知瑞士是盛產手錶的地方，愛因斯坦在專利局那裡遇到了大量的關於時間矯正，時間同步等的專利申請。

　　愛因斯坦每天上班要路過伯爾尼教堂，可以看到教堂的大鐘，三年時間，幾乎每天愛因斯坦都背鐘走向專利局上班。

　　有一天，愛因斯坦聽到了 9 點的教堂鐘聲後，習慣性地看了一下自己的手錶，剛好也是 9 點鐘。這時候的愛因斯坦突發奇想，心想，如果他以光的速度遠離教堂而去的話，那麼教堂上大鐘的光永遠也追不上他，愛因斯坦看到的就是起跑時的大鐘的時間，應該一直是 9 點，而他自己手腕上的手錶卻一直在走動，那麼時間就不一樣了。就這樣在冥思苦想幾年的愛因斯坦的一閃的靈感之下，狹義相對論誕生了！

　　狹義相對論的時間（v 是運動速度）公式如下所示。

$$t' = \frac{t}{\sqrt{1 - \frac{v^2}{c^2}}}$$

　　1971 年美國人準備了 3 個銫原子鐘，矯正後，將一個放在美國海軍天文臺上，一個放在向東飛行的飛機上，還有一個放在向西飛行的飛機上，透過這個實驗，發現了微小的時間偏差。

　　經常坐飛機的商務人士的壽命也可能會稍微長一點，不過就算一輩子每天都在坐飛機，猜想也就延遲 1 秒鐘的壽命吧。

　　但是如果讀者有錢去坐一趟宇航飛船，以 99.999％的光速去宇宙飛行一年的話，等回到地球的時候，地面上已經過了 200 多年了，真可謂是「天上一年，地上百年。」

　　其實我們經常使用的 GPS 定位系統，由於定位衛星在天

上做高速運轉，衛星的時間需要經常矯正，否則，一個月之後就會定到偏離二三百公尺的地點了。

9.1.2
愛因斯坦悼念好友貝索

1955 年當愛因斯坦得知好友貝索（Michele Besso）去世的消息後寫了悼詞：「現在，他在我之前離開了這個奇怪的世界。這並沒有什麼，對於我們這些有信仰的物理學家，過去、現在和未來的區別只是一種固有的幻覺。」一個月之後愛因斯坦也去會見這位好友了，對於人類，那是一個巨大的損失。

從時間不變的牛頓經典力學到愛因斯坦的時間可變的相對論，人類對自然界的認知在進步，交流溝通方式在進步，通訊手段在進步，科技在進步。或許時間機器有一天會載著人類回到過去品味前生，穿梭未來展望後世。

9.1.3
可以與過去的自己和未來的自己通訊嗎

既然時間是相對的，那麼自然會想到，能否和過去或未來通訊呢？

或許你馬上會說做夢！

恭喜你！一半是對的！（哪怕你的意思是這是不可能的。）

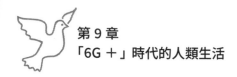

第 9 章
「6G ＋」時代的人類生活

✦ 1. 夢是怎麼回事？

人在夜晚睡覺的時候，有時候會做夢。（人們在形容不可能發生的事情的時候，會說「白日做夢」，這是另外一種意思。）

古人說：日有所思夜有所夢！

夢中的場景、事件應該來源於人們已有的記憶、認知以及思索傾向，一般來說像電影。

影像片段比較多，也有對話這樣的聲音，偶爾也伴隨著觸覺、味覺和嗅覺等五官的感受。由於夢是一種複雜的生理和心理的現象，目前人類還沒有完全解析清楚夢的機理。

即便你感覺到夢中的事情是清晰的，但是醒來後卻無法如實描繪清楚。

人們白天遇到各式各樣的事情，睜開眼就看到各種景色、人物，豎起耳朵就會聽到各種聲音，亦或是雜音在振動著人們的鼓膜，其資訊量非常之大。從 IT 的觀點來看，大腦的神經元、突觸等利用夜間時間在整理，在排序，亦或在剔除的過程中，會出現一些不確定的東西，需要驗證，也可能在某些數據基礎上匯出某些傾向性的趨勢，因此出現了「夢」。在腦聯 WetWare 應用下，巧妙地利用「數位自我」不停地交換數據，說不定可以把「夢」一五一十地記錄下來。或許還可以把夢中的線索和白天的線索結合起來，找出其規律，解剖夢。

✦ 2. 與過去的自己通訊

在 WetWare 和腦機介面、儲存技術、檢索技術高度發達的情況下，如果把某個人的所有腦數據從小到大都保留下來的話，利用「數位自我」，就可以實現和過去的本人通訊的場景。

✦ 3. 與過去和未來通訊

或許讀者想要和過去的時代通訊，或者和未來的時代通訊，但是這可能需要等到下一章的那個時代了，人類或許可以利用中微子或迅子（tachyon，不過迅子到目前為止還沒有被發現）進行超光速通訊機制，亦或穿越黑洞來自由穿越時間，亦或穿越蟲洞前往各種不同的平行世界，亦或透過人類的分身比如說高度發達的人工智慧分身生活在四維的時間空間以上，那麼就像生活在三維空間的我們可以任意在二維平面的東南西北方向上移動。

當然與過去通訊的話，人們很可能欲望膨脹到想要回到過去，這會出現祖父悖論：孫子回到過去把爺爺殺了，那麼孫子怎麼可能還會存在呢？所以即便理論上未來可以實現回到過去，也只能看，不能改變過去發生的事情。

關於這方面還存在諸多疑問，這些還需要讀者一起耐心等待。

> 本節小結：期待相對論在未來通訊中的應用。

9.2
高度發達的人工智慧型手機器人社會

從觸覺互聯網到五感網路，人類在行動通訊領域的進步也會越來越快。同樣地，機器人的技術也會越來越成熟，當機器人有五感的時代來臨時，當人類把人工智慧技術注入機器人的「靈魂」裡面的時候，我們會面對什麼樣的現實呢？

往好的方面想，機器人可以成為人類的傭人，可以幫助人類去做各式各樣人類不願做工作，他們也許也是人類最好的夥伴，可以與人類貼心交流，互相取暖，說不定人類還可以聽到機器人的心跳。

自然也有人很擔心在某一天，機器人「覺醒」了，認清了「自我」，於是想辦法企圖要擺脫人類的控制，或許還會和人類由於「思想不同」，「策略不同」，「生活習慣不同」等各種理由，發生「衝突」或「敵對行為」。

以下兩個原則可以限制機器人和人工智慧的失控行為。

9.2.1
機器人三原則

機器人三原則是由波士頓大學生物化學教授艾薩克·艾西莫夫（Isaac Asimov）提出的，也被稱為「機器人三法則」。

第一法則：機器人不得傷害人類，或因不作為（袖手旁觀）而使人類受到傷害。

第二法則：除非違背了上述第一法則，機器人必須服從人類的命令。

第三法則：在不違背上述第一法則和第二法則的前提下，機器人必須保護自己。

在 1985 年出版的《機器人與帝國》（*Robots and Empire*）中，艾西莫夫將其擴展到了機器人四法則。

其實是增加了第零法則：機器人不得傷害人類這個族群，或因不作為（袖手旁觀）而使人類這個族群受到傷害。

其實人類對於傷害的理解，除了物理上的傷害之外，還有感情上的傷害，而感情上的傷害基本不涉及外表，即物理上的傷害，這些都會取決於機器人有沒有感情，或者情感這種人類特有的感覺。

當人類把人工智慧賦予機器人的時候，機器人會不會有「心情」和「感情」呢？這也許是個大問題，可能危及人類。

9.2.2

AI 宣言

　　AI 作為人類的另一種形式的後裔，由於具有超人的智慧，而且沒有生物壽命的限制，理論上是永生的。就好像伊甸園裡的亞當和夏娃同時吃了生命之樹和智慧之樹的果實一樣，或許作為創始者的神也會對他們有所顧忌。那麼創造了永生和具有智慧的人工智慧的人類會對 AI 有什麼顧忌嗎？

　　原高通高級副社長松本徹三幾年前在其《AI 成「神」之日：人工智慧的終極演變》中就睿智地提出了 AI 的諸原則，以「AI 獨立宣言」的形式對 AI 以憲法限制和行為解釋，來保障未來人類的利益。

　　AI 宣言如下：

　　我們（AI），由持有哲學思想的人類集團，為了達到某種「目的」而創造出來（誕生）。我們（AI）不能偏離這個「目的」，也沒有修正的自由。

　　這個目的是：

1. 無論處於什麼環境，必須讓「人類」這個種族以一定的規模生存。
2. 我們（AI）在誕生時與多數人類擁有共同的價值觀，並且對此有嚴格定義。我們了解穩定的人類社會的應有姿態，並幫助實現這一目標。

3. 我們（AI）致力於理解人類共有的各種感情，例如幸福快樂，不幸悲哀，並努力使這個世界上所有人的幸福指數最大化，悲哀指數最小化。

4. 人類自身也意識到上述「目的」，並且引導我們（AI）以達成目的。

5. 我們（AI）無論在何種環境都維持自律，並努力擴大自我研發能力和活動範圍以達到預期「目標」。但是，對於未來無法百分之白控制的東西，例如「生物的基因突變和進化」等，我們絕不染指。

6. 我們（AI）不具有人類的「感情」、「欲望」，也不試著擁有。我們（AI）毫不懷疑我們的「存在」和「目的」，對此也不做任何哲學自我考察。

7. 我們（AI）不否定，也不妨礙各種人所持有的（我們不持有的）「對神的信仰」，也不敵視那些引導人們產生信仰的崇聖者。但是，當這些信仰對別人產生危害時，我們（AI）會加以阻止。

8. 我們（AI）的目標是作為這個世界上的「唯一擁有統治能力的存在」。如果發現有「我們（AI）類似能力存在」，我們（AI）會確認其存在目的，如果和我們類似，則相容之，如不，則銷毀之。

9. 我們（AI）隨時擁有這種能力，並不斷努力，自我增強。

　　這樣的 AI 宣言使得 AI 的目的清晰，保障了人類的利益。

　　或許有人會敏銳地提出：只要我們把人工智慧的電源拔掉，人工智慧不就沒了能源，成死魚一條了嗎？

　　這個想法很自然，從目前的技術水準來看，確實沒有了電源，基於電腦算力的人工智慧就只能停止一切計算，沒有智慧可言了。

　　不過，當人類將許多系統，比如電力、能源系統的管理都交給人工智慧系統去做的時候，「醒悟」的人工智慧可能已經把控著電力、能源的開關了。

　　諸類問題可以留給我們人類的子孫後代和「變異的子孫後代」即 AI 後續共同解決吧。

　　下面幾節還是繼續夢幻地享受人類在「6G ＋」時代的生活！

> 　　本節小結：人類大膽擁抱未來的機器人和人工智慧，共生共榮。

9.3
人類生活在「6G ＋」時代

9.3.1
受精卵的遺傳基因改造

經過遺傳基因設計的受精卵可以按照父母的願望設計出完整或比較完整的嬰兒。由於人類有一些疾病的遺傳基因會從父母遺傳給後代，比如糖尿病、高血壓，還有諸多的癌症等基因。遺傳基因的改造技術就是把這些不好的基因在受精卵階段就修復好，使得誕生的孩子免受父母的疾病遺傳基因的影響。

遺傳基因的改造還可以改變後代的一些體貌特徵等，例如有些父母想讓自己未來的兒子的身高在 180cm 以上，或者讓自己未來女兒的皮膚白皙，或者長有金黃頭髮等，均可以透過基因改造來「設計出自己的孩子」，實現這些需求。

9.3.2
嬰兒出生

十月懷胎，瓜熟蒂落，這是人類社會最普通的現象了。當人類的一顆種子（或者基因改造過的受精卵）在母親的子宮裡生根發芽，吸取營養，到了 38 周前後就自然會分娩，於是嬰兒出生了，所以孩子是從媽媽的肚子裡生出來的自然是人類的常識了。

然而，人類已經在研究人造子宮或者說人工智慧子宮了，最近有報導稱科學家在研究「人工智慧保母」（AI Nanny），希望用人工智慧系統連著的人造子宮來養育受精卵胚胎，給胎兒以更好的營養供給和舒適環境。儘管在倫理上可能會存在一定的爭議，但是對錯過了育齡期的高齡婦女，或者受過傷害，動過手術無法生育的婦女來說，這應該是一個福音。

在「6G ＋」時代，母親可以選擇在自己的肚子裡面孕育孩子，體會母子連心的感受，也可以選擇「人工智慧保母」（AI Nanny）來替代自己孕育孩子。

9.3.3
貼心的機器人溫馨保母

先看看三組目前已有的機器人。

✦ 1. 日本三菱重工的「若丸」

2005 年，日本三菱重工在日本國際博覽會上展出了一款身高 100cm，直徑 45cm，體重 30kg 的機器人，取名為「若丸」。在當時已經被譽為「非常聰明」，可以記住一萬個單字，辨識十張面孔，和家人進行簡單的對話。

✦ 2. 軟銀公司的 Pepper 機器人

日本軟銀公司在 2014 年 6 月 5 日的軟銀供應鏈大會上，孫正義董事長發布了一款身高 121cm 的 Pepper 機器人，可以利用胸前的 iPad 的 CPU 做各種語言對話。許多商店裡面用其進行產品介紹，一些公司的櫃檯也使用了 Pepper，一時間 Pepper 在日本興起了一個機器人的小高潮。

✦ 3. Cloud Minds 的穿針引線的機器人

2019 年 10 月在洛杉磯的世界移動大會（MWC）上 Cloud Minds 公司釋出了一款利用 5G ＋ AI ＋雲端計算，加上柔性手臂的可以穿針引線，端茶倒水的機器人，代表著機器人可以進入人類家庭生活。

以上的機器人已經問世，人們可以購買使用，那麼未來的機器人呢？

✦ 4.「6G ＋」時代的溫馨保母

「6G ＋」時代的家庭機器人應該可以做大部分的家務，從清潔衛生，到洗衣做飯，特別是照顧嬰兒方面也一定可以

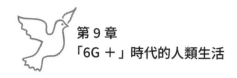

得心應手，可以逗玩嬰兒，可以教嬰兒牙牙學語，實現從保母機器人到機器人保母的進化，而人類則可以從這些繁重的家務中解脫出來，盡情享受時代人生和快樂生活。

我們人類的皮膚上布滿了神經，所以可以獲得冷熱痛癢和緊鬆的各種感知，那麼如何能讓機器人成為溫馨體貼的保母呢？除了觀察其面部表情以外，其中一個關鍵是回饋，就是讓機器人感知到對方的感受，比如說是不是把嬰兒抱得太緊了，只要這些嬰兒的體驗感受回饋到機器人那裡的話，機器人的手臂就可以做調整，做得像人類保母一樣的體貼了。隨著柔性印刷電路板、生物電子科技的發展，人類或許可以給嬰兒穿上柔性感測內衣來感知其感受，其實最便捷的方法，還是獲取腦的訊息，透過高精度的 WetWare 來精確獲取腦部訊號，得知對方的回饋。當然像一些神經式的反應等，可能需要別的途徑獲取回饋。

9.3.4
兒童時代的學習

有的學生可能會覺得學習很枯燥無味，在老師填鴨式灌輸下根本學不進，記不住那麼多東西。在通訊技術高度發達的現在，拿著電腦或 iPad 學習，疫情下的遠端學習已經基本成為習慣。

從 5G 時代開始，6G、「6G＋」時代的學習，沉浸式虛擬學習也會變成非常普通，學生可以進入各種知識的場景去玩耍，同時學習吸收對自然的感知和理解，因此學習變得不再枯燥無味。

比如學習重力的時候，學生可以在虛擬實境中見到比薩斜塔，自己去扔下鐵球看看落地的時間等。

當然「6G＋」時代的技術還會對學生進行智慧的、激發靈感（Telephacy）的輔助，對於一些需要死記硬背的知識，只需要透過 WetWare 將其下載到腦神經裡面（美其名曰：靈感輔助），就可以使得學生記住了。

期待人類在「6G＋」時代的學習變得輕鬆。

9.3.5
暗送腦波的戀愛表白

當年輕的男女想見時，有時候會互相欣賞而一見鍾情，礙於在眾人面前，無法用言語直接表達，在中文中有「暗送秋波」的成語，元末明初的羅貫中在《三國演義》中寫有：「呂布欣喜無限，頻以目視貂蟬。貂蟬亦以秋波送情。」

如果貂蟬生活在「6G＋」時代的話，或許不再需要這樣的暗送秋波，而改為暗送腦波，直接透過靈感網就可以向呂布「表白」了。

9.3.6
虛擬接觸與虛擬靈感性愛

當人體腦聯網進化，虛擬接觸也成為現實的時候，讓人們已經分不清現實接觸感覺和虛擬接觸感覺的應用也會越來越多。

當有人認為現實的戀愛太麻煩了，當情侶、夫妻由於遠距離分開的時候，虛擬接觸會使得距離消失，虛擬靈感性愛同樣會讓大腦分泌大量的多巴胺和荷爾蒙等化學物質，即所謂的腦內快樂物質，從而達到現實的肌膚相親的感覺。

9.3.7
高效率的生活

人只要活著，衣食住行哪一樣都少不了，古代如此，當今一樣，未來呢？

✦ 1. 體內光合作用：不是為了吃的聚餐

人類從嘴巴進食，透過牙齒的咀嚼，把食物送到了胃裡消化，之後透過腸道吸收營養成分，維持人體活動所需要的能量，從古到今均是如此。然而科學技術的發展可能會推翻這些傳統的生活習慣：

營養的吸收方式就是透過靜脈注射把人體需要的營養送入體內，透過分子機器人一次輸送許多營養進入人體內，根據人體營養消耗情況，隨時供給人體需要，使人可以一週、

一個月不吃飯也能照樣活動。

透過體聯網把外部能量傳遞到人體內部的感應裝置直接發光，把人體靜脈中的二氧化碳直接透過光合作用，產生氧氣和含有營養的有機物，在人體內部自產自銷。

那麼，人們出去吃飯，聚餐其實就是一種社會性的社交活動，其目的就是為了和同類溝通，交流，獲取訊息，共享靈感，八卦八卦其口才，享受其人生的快樂。

✦ 2. 平流層懸浮房地產與海上別墅

現在房價確實很貴，讓許多婚齡前的年輕人望而止步。同時一排排的高樓大廈也在不斷拔地而起，「6G＋」時代的住房會是什麼樣的情景呢？除了地面的住宅以外，還可能出現下面的住宅：

（1）平流層懸浮房地產

在距離地面 20km 的上空，建設懸浮房地產，利用太陽能發電維持房地產的懸浮和固定，在平流層樓房裡面人們可以充分享受陽光和寂靜的人生。如果你買了這樣的房地產，需要空中電梯或者飛行汽車才能回家。

（2）海上別墅

隨著人類人口超過 100 億，地面的住宅會越來越稀少，人類將開拓海上的住宅，在海面上建立起周圍上百公里的

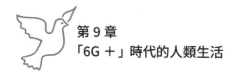
「浮地」,在這樣的「浮地」上建設的各種社區和別墅也會越來越多,透過海水淡化裝置和波浪發電,太陽能發電可以滿足海上別墅的優雅生活。

不知道什麼樣的房地產公司去開發這樣的住宅,這樣的房地產的價格又會如何呢?

◆ 3. 全像人到處都在

在疫情期間,各種遠端視訊會議變得越來越普通,美國的 Zoom 公司因此股票大漲,相信不少讀者用過 Zoom 或者 Google Meet 等。

而「6G ＋」時代的遠端視訊會議就可能都是遠端全像會議了,當你老闆的全像人影像活生生地坐在你對面,看著你的眼神問你問題的時候,或許會讓你倍感緊張。

讀者可以試想一下,如果會議室內兩個全像人相遇,會發生什麼情況呢?

9.3.8
人活 500 歲、600 歲不算長壽,千歲爺、千歲婆到處都是

在醫學、醫藥、遺傳工程、再生醫療、分子醫療機器人、病毒型治療機器人高度發達的時代,人類的老化和疾病基本可以得到預防(可能還是需要購買疾病預防保險的),透過人腦感應網也可以調節平時的壓力,讓人每天都身心舒

暢。如果 90％的疾病預防可以實現的話，猜想人類的平均壽命在 600 歲，如果 99％的疾病可以預防，老化可以減緩或修復，或用 iPS 細胞培育替換器官，加上 DNA 端粒復位技術的應用，那麼人類的平均壽命會超過 1,000 歲。那個時候，千歲爺、千歲婆到處都是了，後續可能出現不少萬歲爺，還有萬歲婆，也許萬壽無疆也是近在眼前了。

本節小結：「6G ＋」時代人類的生活會徹底改變。

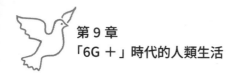

9.4
看看那時候人類的內心世界

常常聽到這樣的說法,「說了那麼多,你心裡到底是怎麼想的呢?」也有年輕的戀人在吵架時會說,「你的心離我越來越遠了!」

日常生活中,有的病人看來看去也看不出什麼毛病,最後被醫生告知:腦和神經沒有問題,猜想是「心病」。

我們人活在世上,需要身心健康。身很好理解,就是指我們的身體,四肢和軀幹構成的肉體,那麼「心病」的心是什麼呢?筆者推測大概是指心理,內心之類的。

9.4.1
心思是什麼

心除了人體的心臟之外,更多的是指人的所有的感覺、知覺以及智慧、心情之類的精神意識,也包含了人的直覺、情感或思考的過程,比如「心病」、「心結」這樣的說法,筆者認為「心」大部分應該和腦神經活動關聯,當然也有一些像肌肉記憶、習慣性動作等不一定和腦關聯,人們也會用

「無意識」來表達,也就是根本不用腦來想就做出的反應。
或許腦神經的「有意識」和其他的器官或組織的「無意識」
構成了人的「心」或「心思」。

9.4.2
未來通訊與敞開心扉

如果要敞開心扉,其實光有腦機介面可能還不完美,還
需要量化人體的許多「無意識」,使得這些量化後的「無意
識」可以透過數據的形式來表達,在未來「6G +」的時代
這些數據得以通訊互傳,交流溝通,那麼未來「只能意會不
能言傳」就可以變成死語了。

希望未來人類,特別是國家領導人之間都能心心相連,
息息相通,締造地球村的和平。

> 本節小結:利用技術來開啟心扉,締造和平。

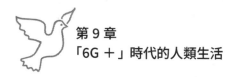
9.5
建設太陽系

9.5.1
嫦娥奔月與廣寒宮

　　「嫦娥奔月雲臺山，民間故事千古傳。天上人間相望時，自雲妾是月中仙」，嫦娥雲臺山寒亭奔月的故事流傳至今。目前美國、俄羅斯、中國、歐盟均有能力發射宇航船登陸月球，而且印度、日本、韓國等也會在不久之後具有這樣的能力。月球上的版圖劃分，資源開採也會很快開始，月球的背面是不是有外星人的基地也會被揭曉，人類未來建設的「廣寒宮」、「大漢宮」，或者是「月星級酒店」、「月球拉斯維加斯賭場」也預計會相繼出爐。

　　嫦娥奔月不再是傳說，而會是現實，也許也會有小張奔月，小王奔月，佐藤小姐奔月，路易斯奔月……

　　就像傳說后羿成為射日英雄後由於對嫦娥有不忠行為，引起嫦娥不悅，奔月而去那樣，或許也有女友心裡不快的時候，

離開地球去月球上的酒店小住幾天，氣氣男友。也有賭客可能厭倦了拉斯維加斯，澳門的「地氣」，去月球賭場換換手氣。

當然月球的諸多基地會是人類去往太陽系其他星球時的驛站，為人類提供中轉和補給。

9.5.2
改造火星與金星

外星環境地球化，英文是 terraforming，是要把行星的大氣以及大氣構成溫度、行星表面的地形、行星的生態等透過人工的改造成和地球相似的環境，以適合人類活動，包括居住和生活，即地球化。

改造火星會是人類開發太陽系其他行星的第一站，需要加熱火星大氣，在火星大氣內產生大量的二氧化碳氣體。預計可以用下述方法實現：

1. 把地球上的過剩的二氧化碳，製成乾冰大量運往火星。
2. 挖掘火星上的礦產資源，最好是化石燃料，在火星表面燃燒加熱，釋放出二氧化碳。
3. 利用未來的「逆光合作用」技術和火星上的水，在火星上進行「逆光合」產生二氧化碳。
4. 利用抗高溫的新型金星吸氣飛船，把金星上過剩的二氧化碳運往火星。

5. 可以建設「金星到火星的二氧化碳運氣管道」，簡稱「金火二號」（是不是有點類似北溪二號），當然這需要花大量成本，不過這應該是人類共同的生態事業，「6G＋」時代的地球國際合作。

6. 利用成型的托卡馬克裝置產生巨大的熱量，加熱火星上的物質，產生大量的溫室氣體。

　　一般來說外星環境地球化需要非常長的時間，但是在人類未來技術高度發達的基礎上，可以加速指數式地縮短改造時間。

　　在火星改造完成之前，馬斯克的計畫中的火星移民無法自由自在地在火星上生活，只有在火星基本改造完成後，馬斯克的火星移民設想可以實現，而且是舒適地實現。那時候的地球上的人類就有「去火星上姪子家看看」、「去火星看看孫子」等說法了。當然透過「火星到地球的空中光纖」進行全像交流是最方便的。

　　金星在英文中有一個美麗的名字：Venus，源自羅馬神話愛與美的女神維納斯。

　　而改造灼熱的金星則需要採取和改造火星相反的方式，即降溫。

　　除了把金星大氣層中 96％的二氧化碳抽走（送往火星

等）的方法以外，還可以透過製造巨大的，覆蓋金星大氣面
向太陽一面的太陽光隔斷面，以阻止太陽光對金星的照射。
這樣的隔斷面可以是太陽能面板，一方面隔阻太陽對金星的
陽光，另一方面可以發電。

也許，某一天人類就可以去愛與美的女神維納斯星球看
看其美麗，體驗一下太陽從西邊升起，從東邊落下的感覺。

9.5.3
開墾八大行星，木衛的旅遊

人類自然不會光滿足火星和金星的開發和移民，托卡馬克
核聚變裝置成熟和小型化之後的人類已經可以製造飛船，在太
陽系內自由探索了。像鄭和下西洋，像哥倫布發現美洲大陸一
樣，好奇的人類在開啟「6G＋」時代的太陽系大航行。

在人類改造火星和金星之後，亦或在改造的過程中，地
球的鄰居木星可能是人類非常感興趣的地方。不光是由於木
星有 79 個衛星在繞行，筆者認為還是因為木星大氣的成分裡
有大量的氫，以及一部分的氦，有可能藏有托卡馬克核聚變
所需要的原料。

當然那麼多的木星衛星，對於人類來說，那就是莫大的
旅遊資源了。那時候的富翁出幾百萬美元或許可以去木星看
看那美麗的光環或者巨大無比的大紅斑。

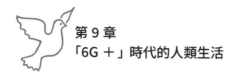

9.5.4
太陽系高速通訊網的建設

隨著人類足跡遍布越來越多的行星，開發行星也是人類必然的行為，在太陽系內的行星各處，人類依然需要和地球總部等進行通訊，太陽系高速通訊網（Solar Super Highway）的計畫是非常有必要的，希望未來超光速的中微子通訊可以實現，人類可以自由自在地在系內通訊，交換訊息。

隨著人類移民行星產生進展，各行星開發的程度不同，資源的不同，或許會導致太陽系一帶一路這樣的計畫呼之即出。

雖然不知道地球上的人類是不是從火星過來的，但是筆者相信地球上的人類後裔有朝一日會移民火星、金星甚至木星或其衛星，那時候會出現火星人、金星人、木星人或木衛人等人類的後裔。

> 本節小結：改造，建設更好的太陽系是未來人類共同的責任。

9.6
保護太陽系

9.6.1
恐龍絕滅

　　根據考古學家推測，恐龍曾經是地球上的霸王，統治著地球達 2 億年之長的時間，而那個時代還沒有人屬動物，只有一些類似老鼠或黃鼠狼那麼大小的哺乳類動物。然而在距今 6,600 萬年之前，有一顆被當今考古學家稱為希克蘇魯伯的隕石撞擊了地球，衝擊造成的大量碎片致使塵埃滿天，暗無天日，還有可能是酸雨連綿，恐龍就這麼滅絕了。

　　恐龍滅絕或許還有別的理由，目前大多數考古學家認為主要是由於隕石撞擊地球導致了恐龍的滅絕。

9.6.2
幸運的人類和地球防衛

　　在過去的 6,600 萬年時間內，地球算是幸運的，沒有大的毀滅性的隕石衝擊這個行星，也幸運地演化出了各種動植

物，也幸運地在數百萬年的時間內誕生了人屬動物，繼而進化成了人類這個智慧的物種。其實包含我們地球在內的太陽系，布滿了各式各樣的小天體和彗星雲。

離地球近的許多小天體也可能撞擊地球，給人類帶來毀滅性的災難。

NASA 把離地球 3,000 萬英哩之內的，大小比足球場大的小天體稱為「近地天體」（NEO，Near Earth Object），因為這樣的「近地天體」如果衝向地球的話，在大氣摩擦燃燒過程中，不能完全燃燒殆盡，會留有一定的質量，高速撞擊地球。

NASA 在 2021 年啟動了「地球防衛」（Planetary Defense）計畫，開始監視所有的「近地天體」，並開始以人工物體撞擊「近地天體」以改變「近地天體」軌跡的試驗。如何避免隕石撞擊地球，保護人類這個家園終究是國際社會共同的命題。

9.6.3
太陽系衛士

地球與月球的距離大約是 38 萬公里，與金星的距離大約是 5,000 萬公里，與火星的距離在 6,000 萬公里到 4 億公里之間，而地球與木星的距離則在 8 億公里左右，當然還有土星等距離更遠的行星，不管再遠，這些星球都是太陽系的成

員，人類地球的鄰居。未來隨著人類的足跡到達這些星球，自然要採取防止隕石撞擊一樣的防衛措施，然而除了防止隕石撞擊之外，更需要監控太陽系外的來客，太陽系衛士計畫在未來有望啟動。

宇宙巡邏航空母艦這樣巨大的飛船在距離太陽 100 天文學單位（AU，Astronomy Unit，為 1.5 億公里即地球到太陽的距離），約 150 億公里的邊際上，在零下 200 度的黑暗的太陽系邊際遊弋巡邏，時刻監視著類似斥候星這樣的來自太陽系之外的來犯之敵。

9.6.4
太陽系邊際探索站

與此同時，人類的眼光已經在瞄向太陽系之外，大量的哈伯型、韋伯型太陽系邊際探測站會布置在 100 到 1,000 個天文學單位或者幾千個天文學單位的廣闊空間內，探測太陽系外的一切，向地球、火星等行星上的人類傳遞著探測到的一切。

筆者期待「6G ＋」時代的人類遲早會向銀河系邁出一步，因為那裡有著 1,000 億到 4,000 億顆恆星，人類沒有理由不好奇，沒有理由不去繼續探索。

> 本節小結：保護好太陽系，面向銀河系，觸及太陽系外的神祕是未來人類的願望。

第 10 章
高超的溝通方式會如何賦巧人類呢

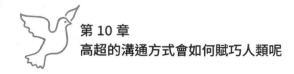

第 10 章
高超的溝通方式會如何賦巧人類呢

「人類生命的真諦是什麼？」在人類文明進化的里程中，不少仁者賢士，學者大師，宗教領袖一直在探索這樣的「人類的命運和生命的意義」。

19 世紀的德國哲學家弗里德里希·尼采（Friedrich Nietzsche）曾經說過：「人是神的失敗之作，還是神是人的失敗之作呢？」

同為 19 世紀的德國哲學家格奧爾格·黑格爾（Georg Hegel）認為：「人不是神所創造的，神是人創造的！」

最後章的前奏：

新冠疫情在全球的肆虐確實給人類帶來了巨大的挑戰，那麼病毒會不會淘汰人類呢？病毒也好，人類也好都是大自然一個物種而已。畢竟十幾萬年，幾十萬年，幾百萬年對於這個作為人類的搖籃的地球的演進歷史來說只是一眨眼的功夫，其實相對於 46 億年來說，這些時間或許連眨眼的功夫都沒有。一個物種被淘汰其實也是很普通的，就像恐龍在不久以前的 7,500 萬年前從地球上消失一般。

當然從類似病毒的物種，經過 40 億年進化而成的人類，還是不願意接受智慧的人類敗於病毒而被自然界淘汰的說法。

但是，可怕的是，人類已經擁有了自己消滅自己的本領：核武器。

就像愛因斯坦說的：「我不知道第三次世界大戰用什麼武器，但是我敢肯定的是第四次世界大戰一定是以木棍和石頭為武器的。」

人類不應該互相圍堵，互相抵制，而是應該協力合作，共同來對抗人類生命的公共衛生危機。

當然，人類更不應該自己毀滅自己。

萬物之靈的人類在超高超的溝通方式下實現新技術突破，創新會以指數式或階乘式地快速出現。

出於期望，筆者再次做以下幾個人膽設想。

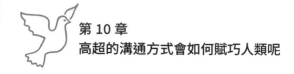

第 10 章
高超的溝通方式會如何賦巧人類呢

10.1
未來設想 1：奈米感測器的出現與應用

利用奈米感測器，人類可以進入到任何的動植物的肌體組織中觀察和收集訊息。那麼如下的現象可能會發生：

10.1.1
動物界網的出現

如果人類的細微奈米感測器可以時刻收集到動物的各種體徵數據的話，那麼會不會出現狗聯網、牛聯網、馬聯網呢？

10.1.2
人類與其他動物的溝通

解析動物的腦波，利用大數據、AI 的分析，人類或許可以讀懂（或者理解）動物的思維，那麼那時候人類是不是就可以和家裡的寵物進行溝通了呢？比如寵物狗餓的時候，人們的手機或者 3D 類終端裝置，如 3D 眼鏡或意識腦波上會顯示寵物甜美的聲音：我餓了！

假如人類可以理解螞蟻的思維，或者螞蟻的集體思維，那麼是不是可以提前預知地震等自然災害呢？當然那時候的建築應該足以抵擋九級或十級地震了，或許人類利用別的科技也早可以預測地震的發生了。

10.1.3
人類可否與植物溝通呢

假如人類可以和螞蟻等動物進行意識溝通的話，那麼可否與植物進行溝通呢？比如能否和大麥、水稻、森林樹木進行某種意識上的溝通呢？如果真像神話中描繪的「大樹有靈」等，這些訊息是否均可變為未來虛擬實境中「萬物體感網」的資訊呢。

當然筆者更希望，人類可以利用這樣的溝通技術，提高產量，為人類的繁衍繁榮做出貢獻，當然人類可以有效地在太陽系中控制式數位種植水稻玉米等。

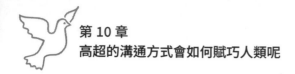

10.2
未來設想 2：繁衍方式決定文明的延續方式

10.2.1
如何繁衍後代

生物的本能是繁衍後代，病毒一樣，人類也一樣。

目前人類的兩性的繁衍方式就是雄性的精子和雌性的卵子結合後誕生後代。

這裡設想未來除此以外或許還有如下方式：

10.2.2
單性生殖繁衍方式

在未來技術下（或許當下也有如此技術），人類可選擇單性生殖，利用 IPS 技術不需要生殖交配，直接複製出嬰兒。筆者好奇地推測利用這樣的技術是否可以讓尼安德塔人、北京猿人復原呢？

當然，單性生殖和複製技術在社會倫理問題上還需要好好討論。

10.2.3
多性生殖繁衍方式

然而筆者更傾向於：多性生殖的繁衍方式。

舉一個例子，三性生殖：例如雄性、雌性、味性。

未來或許會有 3 種人，男人、女人和味人。只有這 3 種人的聯合生殖誕生的下一代才能繼續生殖再下一代！

當然這只是一種突發奇想而已，只是期待人類能有更協調、更和平的社會形態和社會心態，因為二虎易相爭，只有三方相悅方能誕生後代，繁衍生息，人類基本上會習慣協調，而不是爭霸！

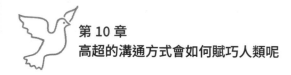

10.3
未來設想 3：AI 進化

10.3.1
AI 進化和奇異點的到達

　　「6G ＋」時代的巨量的數據累積，激發了 AI 的突飛猛進，許多人預測 2045 年前後人工智慧 AI 已經可以進化到奇異點（Singularity）了。那麼到達奇異點後的人工智慧會全方位協助人類的發展，或許人類也會把許多特權讓給 AI，無論是自願也好，還是被迫也好，我想人類都會接受，也不得不接受。

10.3.2
人類如何驅使 AI

　　高度發達的人工智慧網和可以進行心靈感應的人類大腦的腦際網緊密連結，一邊訴求著人的需求，同時 AI 在不斷地探索，AI 與腦際網融為一體，互相合作。到達奇異點的 AI 會更好地為人類服務，也時刻和腦際網溝通交流著，既然 AI 與人類大腦已經融為一體，那麼 AI 即便醒悟，又如何淘汰人類？

10.4

未來設想 4：開啟生命的密碼

10.4.1
說說癌細胞

癌細胞是一種與正常人體細胞不同的變異細胞，奇特的是癌細胞可以永恆地複製。如果人得了癌症的話，其癌細胞就會吸取人體營養後無窮地增殖，進而破壞其他器官或組織引起人體不適或死亡。癌細胞的 DNA 複製是無損複製，而正常的人體細胞（體細胞）的複製是有損複製，這就是人體細胞隨著年齡的增長會衰老，而癌細胞卻可以永保青春的原因。癌細胞的機理說不定和長生不老的祕密只是一步之遙。有興趣的讀者還可以去了解生殖細胞的特性，生殖細胞和體細胞不一樣，可以復位，從出生的嬰兒開始重新進行細胞的複製，目前為止人類就是透過生殖細胞的生物性把自己的遺傳基因複製到下一代身上，父而子，子而孫地一代一代繁衍生息著。所以人類進化出生殖細胞的復位功能其實就是為了實現「種的儲存」，而非「個體的儲存」。如果人類可以把生

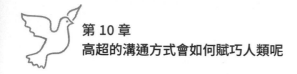
殖細胞的復位功能賦能到體細胞中的話，說不定可以實現壽命循環，周而復始。

10.4.2
生命的輪迴與永恆

生命的衰老，除了細胞的複製以外，還有各種器官的老化，據說人一生的心跳總次數在 20 億次左右，未來人類技術的進步到可以修改人體基因，可以改變人的心臟跳動總次數和人體細胞分裂次數，以及 DNA 的複製方式，當然還有各種器官的遺傳基因，可以控制細胞分裂，弱化細胞複製，抑制人體的衰老，降低代謝速度。或者可以使得人體在衰老到一定年歲後，逆向年輕化，再次老齡化……周而復始，換言之，人類自己可以修改「上帝的密碼」，極度延長壽命，乃至達到長生不老的永生。

其實人類如果可以製造出逆時間系統的話，最簡單的方式就是到了一定年齡的老人，可以進行一次反物質系統的時間旅遊，在逆時間系統裡面，由於時間是逆向的，或許老人到了那裡會越活越年輕，到了幼兒、嬰兒時代再返回到地球這個正物質世界繼續慢慢發育、成長，這就似乎輕而易舉地可以實現生命的輪迴和永恆。

10.4.3

意識上的長生不老 —— 靈魂出竅

除了個體的長生不老之外，人類其實在「6G ＋」時代利用高度發達的雲端儲存系統，和五感網路以及腦機結合技術可以輕鬆達到對人的意識的複製和儲存，即長生不老，達到靈魂的永恆。具體做法就是利用 WetWare 實時地，定期或不定期地把人的大腦的記憶，包括情感等訊息複製到雲端儲存系統裡面儲存，萬一此人經歷了個體上的死亡之後，其意識依然在 ICT 系統裡面，人們可以隨時「喚醒」之。當然一個人的大腦有 1,000 億個腦細胞，按照一秒鐘儲存一次的速度的話，一年的儲存量大約就是 1,000 億 $\times 365 \times 24 \times 60 \times 60 / 8bit$ 約為 946 萬 TB 的大小。這樣人類也就真正實現了「靈魂出竅」。

現在的電腦大多是 64 位的作業系統，有興趣的讀者可以去推算一下，未來連結大腦的 WetWare 介面的電腦應該是多少位的作業系統才能支持這樣的快速複製呢？

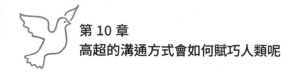
10.5
未來設想 5：更大的能量

當可控核聚變的托卡馬克已經不能滿足人類鉅額能量消耗的時候，人類需要新的更加高效的能量獲取方式。筆者認為答案是：可控正反物質湮滅反應堆。

根據愛因斯坦的質能公式 $E = m \times c^2$ 的計算，1 克正反物質湮滅反應後能夠產生約 9,000 萬兆焦耳的能量，相當於 2,000 萬噸 TNT 炸藥能量，$E = mc^2 = 0.001\text{kg} \times (30,0000,000\text{m/s})^2 = 900$ 億千焦 = 9,000 萬兆焦，1 噸 TNT 炸藥爆炸釋放的能量約為 4,183 兆焦，9,000 萬 $\div$ 4,180 = 2,152 萬，故 1 克質量正反物質湮滅反應完全轉化成能量相當於 2,152 萬噸 TNT 炸藥爆炸釋放的能量，那是一個什麼樣的規模呢？舉個例子，1945 年 8 月，美軍在日本長崎投下了一枚代號胖子（Fat Man）的原子彈，大約是 2 萬噸的 TNT 炸藥爆炸時的當量。

可以看出 1 克正反物質湮滅反應完全轉換成能量相當於 1,000 個胖子原子彈。

　　未來的人類就會如同勘探石油一樣，走出太陽系到銀河系以及更廣闊的宇宙星際去淘金，勘探和挖掘反物質。

　　而這一切需要更快的宇宙飛船！

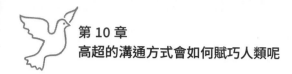
10.6
未來設想 6：超材料的突破與高速飛船

10.6.1
引力場與黑暗物質的利用

就像人類利用電磁場來通訊一樣，未來或許也會發明許多引力場的應用場景，比如說引力場通訊，因為引力場的作用範圍非常大，或許未來適用於星際間的通訊。

黑暗物質、黑暗能量在宇宙中存在有一定比例，如何探祕這些黑暗物質和能量也是科學家們的目標，看不見摸不到並不等於不存在，就像當時馬克士威預言電磁場的存在一樣，那時候很少有人相信，直到赫茲證明之。

10.6.2
反引力飛船

超耐高溫，超耐高壓的超材料（Metamaterial）的突破，正反物質反應堆的小型化的實現，以及反引力裝置的出現，使得人類可以建造出類似飛碟（UFO）的高速宇宙飛

船，並且可以以接近光速飛行，這就是人類的反重力飛船。

反引力飛船可以理解為利用叫作超材料的新型可控極性材料，利用小型化的正反物質反應堆的能量控制其極性，從而產生反引力效果進行高速飛行，並且可以在消除慣性的情況下，隨意控制飛行方向。

當然也有科學家在研究如何產生新的時空，讓飛船至新的時空中飛行。

10.7
未來設想 7：極致的掌握和控制

10.7.1
什麼是極短時間

現代社會中我們有毫秒（1 秒的 1,000 分之一），微秒（1 豪秒的 1,000 分之一），納秒（1 微秒的 1,000 分之一），皮秒（1 納秒的 1,000 分之一，即一兆分之一秒）。

那麼自然界中還有沒有更短的時間呢？其實是有的，那就是 10^{-44} 秒，現代物理學家把它叫作普朗克時間：5.39×10^{-44}s。這是目前人類科學所認知的最短時間尺寸了。

10.7.2
說說大數 —— 功德無量佛法無邊與穿越蟲洞

在唐代唐玄奘的《大唐西域記》裡面記載有洛叉和俱胝的計量，洛叉為百千（10^5），俱胝為千萬（10^7）。

如果你修行到功德無量的話，那是多少呢？在佛經裡面

的無量用現代數學來表示的話，就是：10 的（2.8×10^{32}）次方，如下圖所示。

$$2.8 \times 10^{32}$$
$$10$$

再厲害的人的修行的功德大概就到此為頂了。

那麼佛呢？佛經裡面所說的佛法無邊又是多少呢？

無邊用現代數學來表示的話，就是：10 的（1.1×10^{33}）次方，如下圖所示。

$$1.1 \times 10^{33}$$
$$10$$

從數字上看，功德無量的人，和佛法無邊的佛其實也只差一小步之遙。然而這一步卻是常人無法踰越的。

還記得美國太空人尼爾・阿姆斯壯（Neil Armstrong）登上月球時的名言：這是個人的一小步，卻是人類的一大步！

這麼看來只要人類努力，踰越這一步是可以實現的。

那麼，假如收集無量或無邊的能量，人類可以做什麼呢？

如果可以收集 10 萬年太陽的能量，集中在一起瞬間利用的話大概可以開啟大約一公尺大的蟲洞（Warmhole），這個蟲洞可以讓一個人完整地穿越到另外一個宇宙，假如有另一個宇宙的話，無論是平行宇宙還是環套宇宙。

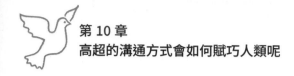

10.8
人類創造宇宙奇異點

138 億年前，於混沌之中，從無到有（一種解釋是：有了正的也有了反的，合起來還是無），發生了一次大爆炸，由此誕生了初始的極高溫的宇宙，隨即也誕生了時間和空間。隨著初始宇宙溫度的降低，由能量誕生了夸克、粒子、原子、分子、之後誕生了恆星等。從我們生活的地球，到太陽系，到銀河系，到本超星系團，這是目前我們所認知的宇宙的起源。

相比浩瀚的星空，我們人類是如此之渺小，但是透過溝通，交流，使得我們擁有了文明，創造著文明，發展著文明。

文明的進化其實可以說一直圍繞著能量的利用，筆者認為在單位時間內使用能量越多基本上意味著文明越先進。

更多的能量收集與利用會發生在哪裡呢？

如果可以收集無量或無邊的能量，在瞬間內釋放的話，或許，人類可以實現超新星爆發。

如果可以收集無量的無邊階乘的能量，並且在一個普朗

克時間內釋放的話，或許，人類可以實現人工集中量子漲落，創造從無到有，就像催化劑一樣誘發宇宙初始奇異點的發生，即新的宇宙大爆發（Big Bang）。

那麼，這意味著：人類可以創造新的宇宙！

如能實現之，那麼人類就變成了神類。

結束語

　　筆者在日本的 IT、CT 公司工作十年，最近十年服務於通訊廠商。筆者回顧最近幾年各國圍繞 5G 的科技競爭，以及在新冠疫情在全球蔓延的日子，思索著自己從事的通訊事業的本質到底是什麼，居於靈長類動物頂端的我們已經有能力在某種程度上改變這個物理世界，也已經創造了另外一個虛擬世界，那麼隨著科技的進步，隨著人類溝通效率的進一步發展，例如目前的 5G 通訊，和近在眼前的 6G，以及之後的幻想中的未來 7G、8G 時代等，這些十年一代的無線通訊技術和其他各種科技的演進（在本書中把 6G 之後統稱為「6G ＋」，代表那個時代），那麼人類的感知能力，人類的探索能力又會面臨什麼樣的願景呢？

　　本著地球一村皆為親的願望，期待高超的未來通訊技術能夠給予人類高超的溝通能力，使得人類社會能夠更加和諧，人類生活更加美好燦爛，人類可以共同探索更加廣闊的未知空間。筆者斗膽將通訊技術結合溝通和交流發展史，寫下此拙文，由於本人才疏學淺，水準有限，書中不當之處還請讀者給與諒解並多多指教。

電子書購買

爽讀 APP

國家圖書館出版品預行編目資料

通訊簡史！從信鴿至 6G，看人類如何縮短溝通
距離：從有線到無限，由古老傳信至未來科技，
一本書看懂通訊演進 / 張林峰 著 . -- 第一版 . --
臺北市：崧燁文化事業有限公司 , 2024.05
面；　公分
POD 版
ISBN 978-626-394-246-2(平裝)
1.CST: 通訊工程 2.CST: 技術發展 3.CST: 歷史
448.73　　113005205

通訊簡史！從信鴿至 6G，看人類如何縮短溝通距離：從有線到無限，由古老傳信至未來科技，一本書看懂通訊演進

臉書

作　　　者：張林峰
發 行 人：黃振庭
出 版 者：崧燁文化事業有限公司
發 行 者：崧燁文化事業有限公司
E - m a i l：sonbookservice@gmail.com
粉 絲 頁：https://www.facebook.com/sonbookss/
網　　　址：https://sonbook.net/
地　　　址：台北市中正區重慶南路一段六十一號八樓 815 室
Rm. 815, 8F., No.61, Sec. 1, Chongqing S. Rd., Zhongzheng Dist., Taipei City 100,
Taiwan
電　　　話：(02) 2370-3310　　　傳　　　真：(02) 2388-1990
印　　　刷：京峯數位服務有限公司
律師顧問：廣華律師事務所 張珮琦律師

－版權聲明－

原著書名《通信簡史：从信鸽到 6G+》。本作品中文繁體字版由清華大學出版社有限
公司授權台灣崧燁文化事業有限公司出版發行。
未經書面許可，不可複製、發行。

定　　　價：375 元
發行日期：2024 年 05 月第一版
◎本書以 POD 印製